# FLIEGERKALENDER 2027

INTERNATIONALES JAHRBUCH DER LUFT- UND RAUMFAHRT

HERAUSGEBER: TIM F. KRAMER

Mittler

# Inhalt

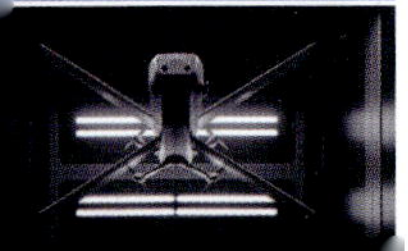

## Flächenflugzeuge



## Drehflügler



## Raumfahrt



## Militär

# XF10 Jaguar

## Grummans erster Versuch mit Schwenkflügeln

Heiko Thiesler

Basierend auf der Messerschmitt P1101, schuf das Unternehmen Bell das Versuchsflugzeug X-5 und damit das erste Flugzeug, mit dem Schwenkflügel im Flug erprobt wurden. Foto: NASA

**Die Jaguar hätte als F10F-1 das erste in Serie gefertigte Kampfflugzeug mit Schwenkflügeln werden können, denn recht optimistisch bestellte die U.S. Navy noch vor dem Erstflug des Typs insgesamt 82 Exemplare. Doch mehrere Probleme während der Erprobung und vor allem mit dem eingebauten Westinghouse-Triebwerk J40 ließen die hochgesteckten Ziele nicht in Erfüllung gehen.**

Die ersten brauchbaren Ideen zu Schwenkflügeln lieferte zum Ende des Zweiten Weltkriegs Messerschmitt aus Deutschland. Im Gegensatz zu späteren, in die Praxis umgesetzten Konzepten sollten hierbei die Tragflächen am Boden in drei möglichen Einstellungen – 30, 40 oder 45 Grad – fest arretiert und nachfolgend im Flug die besten Eigenschaften ermittelt werden. Als die Amerikaner im April 1945 in Oberammergau einmarschierten und den zu 80 Prozent fertiggestellten

Hier befindet sich der einzige fertiggestellte Prototyp der XF10F-1 im Landeanflug.
Foto: National Museum of Naval Aviation Pensacola

Messerschmitt gab den Weg vor. Bei ihrem Einmarsch in Oberammergau fanden die Amerikaner den Prototyp V1 der P1101 in diesem Zustand vor, spätere Instandsetzungsversuche scheiterten. Foto: USAF

Prototyp dieses Flugzeugs als P1101 vorfanden, wussten sie zunächst nicht, um was es sich handelte. Als man den Einsatzzweck der P1101 erkannt hatte, überführten die Amerikaner den Prototyp zur Wright Air Force Base in Dayton, Ohio, und nachfolgend zum Flugzeughersteller Bell in Buffalo, New York. Instandsetzungsversuche scheiterten, und erst 1949 folgte der Auftrag zum Bau zweier, auf der P1101 basierender Versuchsmaschinen unter der Typenbezeichnung X-5. Die konnten dann ihre Tragflächen tatsächlich im Flug verstellen, indem das gesamte Tragwerk auf Schienen vor und zurückgeschoben werden konnte. Zwischen Juni 1951 und Oktober 1955 fanden insgesamt 159 Versuchsflüge mit ihnen statt, wobei die zweite X-5 beim Trudeln bei maximaler Flügelpfeilung im Oktober 1953 abgestürzt war. Inzwischen betrat Hersteller Grumman mit einem eigenen Schwenkflügelkonzept die Bühne, nachdem es Änderungswünsche an einem zu bauenden, konventionell ausgelegten Jagdflugzeug unter der Bezeichnung XF10F-1 gegeben hatte.

Die XF10F-1 wurde am Rumpf mit einem passenden Jaguar-Emblem versehen.
Foto: National Museum of Naval Aviation Pensacola

## Grumman kann US-Marine überzeugen

Zunächst hatte Grumman eine Designstudie zu einem neuen Jagdflugzeug vorgelegt, das vom Bureau of Aeronautics die Bezeichnung XF10F-1 erhalten hatte und im April 1948 zur Absichtserklärung über zwei zu bauende Versuchsmaschinen führte. Ein Jahr später erfolgte die Präsentation einer Attrappe, nachfolgende Änderungswünsche bezogen Schwenkflügel und ein T-Leitwerk ein. Hierbei wurden die Vorteile des Schwenkflügeltragwerks für den bordgestützten Einsatz deutlich hervorgehoben. Inzwischen war auch in der U.S. Navy die Modernität des Strahlantriebs erkannt worden, was allerdings auch zahlreiche Veränderungen, gerade im Flugzeugträgereinsatz, mit sich brachte. Mit Strahlantrieb ausgerüstete Flugzeuge besaßen eine höhere Masse sowie eine höhere Start- und Landegeschwindigkeit und benötigten längere Start- und Landebahnen. Die Flugzeugträgerdecks waren bisher mit Holz beplankt und stellten nun eine Gefahrenquelle dar. Auch waren die Strahltriebwerke durstiger als Kolbenmotoren, und zuzüglich weiterer Materialien musste Treibstoff in größerer Menge vom Flugzeugträger oder seinen Begleitschiffen mitgeführt werden. So übernahm die U.S. Navy für den Bordeinsatz strahlgetriebener Flugzeuge in den nächsten Jahren weitere Neuerungen wie das Dampfkatapult, das spiegelbasierte optische Landesystem oder auch das Winkeldeck für einen gleichzeitigen Start- und Landebetrieb. Ende der 1940er-Jahre jedoch stellten Schwenkflügel durchaus eine Alternative dar, und die U.S. Navy gab am 14. Dezember 1950 wohl etwas voreilig eine erste Bestellung über zwölf Flugzeuge vom Typ XF10F-1 Jaguar auf, ergänzt um eine weitere Order über noch mal 70 Exemplare am 10. Februar

1951. Anfang des nächsten Jahres konnte die erste XF10F-1 fertiggestellt werden und absolvierte danach Rollversuche auf dem Grumman-Werksgelände in Bethpage, New York. Im April 1952 wurde das Flugzeug zur Edwards Air Force Base gebracht und sollte von da aus die Flugerprobung bestreiten. Das vorgesehene J40-Triebwerk mit Nachbrennerstufe war noch nicht verfügbar und war es auch während der gesamten Erprobung nicht, sodass man statt der erwarteten 45 kN mit 30 kN Schubleistung auskommen musste. Natürlich ergab das ein unvorteilhaftes Schub-Masse-Verhältnis und limitierte die Leistungen des Flugzeugs. Die Tragflügel der Maschine ließen sich hydraulisch über Spindeln und Drehzapfen von 13,5 bis 42,5 Grad verstellen und verkrafteten Lastvielfache von 7 g. Sie verursachten 5,5 Prozent mehr Masse am Flugzeug, der Vorgang dauerte während der Bodenerprobung etwa zehn Sekunden. Die Tragflächen waren über fast die gesamte Spannweite mit Vorflügeln, Fowler- und Landeklappen ausgestattet. Des Weiteren gab es an den Tragflächen auf jeder Seite acht Spoiler, am Rumpf kamen ausklappbare Bremsklappen hinzu. Die Mitführung von zwei bis vier Zusatztanks sollte ermöglicht und damit die interne Kraftstoffkapazität in zwei Flügel- sowie drei Rumpftanks ergänzt werden. Als wesentliche Avionikbestandteile waren ein AN/APQ-41-Suchradar, Höhenmesser, Funknavigation

Dieses Foto zeigt die XF10F-1 während des Erstflugs am 19. Mai 1952. Dieser dauerte 16 Minuten, wobei es zu Problemen mit den Vorflügeln am Tragwerk kam.
Foto: National Museum of Naval Aviation Pensacola

Das markante und vor allem bei niedrigen Geschwindigkeiten schwer beherrschbare Höhenleitwerk verursachte einige Steuerungsprobleme bis hin zum Kontrollverlust.
Foto: National Museum of Naval Aviation Pensacola

und andere Komponenten vorgesehen, für spätere Bau- und Erprobungsphasen wurde außerdem eine Bewaffnung mit vier 20-mm-Kanonen, Abschussbehältern mit ungelenkten Raketen oder Bomben bis zu einem Gewicht von 1.816 kg vorgeschlagen. Das meiste davon kam aber nicht mehr zur praktischen Anwendung, denn das Testflugprogramm fiel letztlich weniger umfangreich als geplant aus.

## Aufreibende Testflüge

Die Flugerprobung begann am Morgen des 19. Mai 1952 mit Testpilot Corwin Meyer am Steuer – dem Einzigen, der das Flugzeug jemals flog. Das lag zum einen daran, dass die XF10F in vielen Belangen neuartig und sehr komplex ausfiel und sich die Umschulung von Testpiloten als sehr aufwendig erweisen würde. Zum anderen war der Einstieg zusätzlicher Piloten aufgrund der wenigen Testflüge zeitlich nicht machbar. Insgesamt 32 offizielle Flüge absolvierte Corwin Meyer letztlich mit der XF10F-1, der kürzeste dauerte 15 Minuten und der längste, zugleich der letzte, am 25. April 1953 ganze 67 Minuten. Hinzu kommen an die 200 »Hüpfer« bis hin zu richtigen, aber letztlich nicht anerkannten Flügen mit zehn bis zwölf Sekunden Dauer.

Während der Erprobung traten zahlreiche Probleme auf, hauptsächlich mit dem fehlerhaften Triebwerk, aber auch am Kraftstoffsystem, dem Leitwerk oder in Bereichen der Steuerung, Kontrolle und Stabilität. An der Wurzel des deltaartigen Höhenleitwerks war eine gleichförmige, aber wesentlich kleinere Flosse installiert.

Die XF10F-1 Jaguar wirkt bullig und fällt nicht gerade klein aus, wie dieses Werksfoto aus dem Jahr 1952 zeigt. Unter dem Tragflügel sind vier Spoiler zu erkennen. Foto: Grumman

Erst zum Schluss der Erprobung verwendete Grumman die Höhenleitwerke der hauseigenen F9F-6 Cougar. Foto: National Museum of Naval Aviation Pensacola

Über diese sollte die Steuerung des Höhenruders erfolgen, doch erwies sich das System als wenig wirksam und verursachte zusätzlichen Stabilitätsverlust. Hierzu rüstete Grumman bspw. zur Verbesserung der Richtungsstabilität verschiedene Systeme, zum Teil nur temporär, nach. So etwa am Rumpfheck zusätzliche Flossen als sogenannte Horsals – abgeleitet vom englischen »horizontal dorsals«, die zugleich die Giersteuerung verbessern halfen. Das mangelhafte System wurde erst ab dem 29. Testflug im April 1953 durch die Höhenleitwerke der F9F-6 Cougar ersetzt. Dabei fielen auch die deltaförmigen Canards vor den eigentlichen Leitwerksflossen sowie die Horsals weg. Schon beim Erstflug streikten die Vorflügel und konnten nicht eingefahren werden, während sie bei einem späteren Erprobungsflug teilweise blockierten und die Führungsschienen brachen. Bei einem anderen Flug zerbarst die Cockpithaube bei einer Geschwindigkeit von rund 640 km/h, und der Schleudersitz schaltete in den Bereitschaftsmodus, weil sich ein Sicherungsstift gelöst hatte. Trotz alldem und den nachfolgenden Turbulenzen konnte Corwin Meyer die XF10F-1 sicher landen und in dieser Zeit durch Improvisation das Auslösen des Schleudersitzes verhindern. Das neuartige elektronische Kraftstoffsystem war schwer zu händeln, und das J40-Triebwerk brauchte lange Zeit bis zum Erreichen der vollen Drehzahl. Damit einher ging eine extrem lange Startstrecke von über 3.000 m,

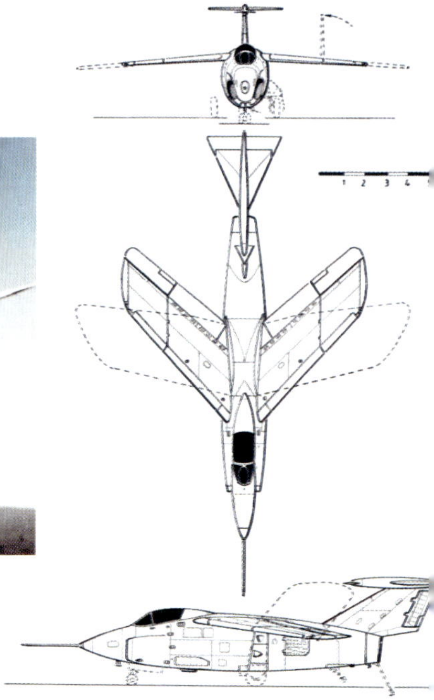

Oben links:
Dank der Schwenkflügel konnte die Landestrecke der XF10F-1 auf nur wenige Hundert Meter reduziert werden. Arbeitete das Triebwerk mit voller Drehzahl, traf das auch auf die Startstrecke zu.
Foto: National Museum of Naval Aviation Pensacola

Oben rechts:
Dreiseitenriss der XF10F-1 Jaguar.
Zeichnung: Manfred Meyer

## TECHNISCHE DATEN XF10F-1 JAGUAR

| | |
|---|---|
| Verwendung | Versuchsflugzeug |
| Besatzung | 1 |
| Triebwerk und Maximalschub | ein Westinghouse J40-WE-6 mit 30,2 kN |
| Spannweite je nach Flügelpfeilung | 11,18 bis 15,42 m |
| Länge | 16,59 m |
| Höhe | 4,95 m |
| Flügelfläche je nach Flügelpfeilung | 41,81 bis 43,39 $m^2$ |
| Leermasse | 9.265 kg |
| Startmasse max. | 16.080 kg |
| Höchstgeschwindigkeit | 1.024 km/h |
| Steiggeschwindigkeit | 35 m/s |
| Landegeschwindigkeit | 180 km/h |
| Dienstgipfelhöhe | 9.600 m |
| Reichweite | 2.300 km |
| Bewaffnung | keine |

obwohl gerade die Schwenkflügel zur Verringerung dieser Distanz beitragen sollten. Das J40 war schlussendlich unausgereift, der benötigte Nachbrenner stand während der gesamten Erprobung nicht zur Verfügung. Wegen verschiedener Mängel und Unfälle war es auch für Verzögerungen anderer Programme von bordgestützten Jagdflugzeugen wie der F4D Skyray oder der F3H Demon und deren Einführung in den regulären Dienst sowie für Millionenverluste in den Kassen der U.S. Navy verantwortlich. Der Misserfolg mit dem J40 veranlasste den Hersteller Westinghouse sogar zum Ausstieg aus der Triebwerksproduktion. Immerhin blieb die Jaguar zum Schluss das erste für den Einsatz konzipierte Schwenkflügelflugzeug, zugleich waren die Schwenkflügel nicht für das Scheitern verantwortlich.

Das Schwenken der Tragflächen und die damit verbundenen Eigenschaften wurden positiv bewertet. Lediglich bei einem Flug funktionierte das Schwenken nicht richtig und beanspruchte mit einer Minute Dauer ein Mehrfaches an Zeit bei diesem Vorgang, da sich die Hydraulikflüssigkeit des Verstellmechanismus übermäßig erhitzt und sich in einen geleeartigen Zustand verändert hatte.

## Für einen Serienbau reicht es nicht

Für die Beteiligten verliefen die Tests mit der Jaguar teilweise recht strapaziös, laut Corwin Meyer war jeder Testflug wie ein Erstflug. Er vertrat zudem die Ansicht, dass zu viele bislang nicht erprobte Innovationen in ein neues Flugzeug gesteckt wurden. Die wenigen Flüge brachten aber durchaus einige Erkenntnisse zu der veränderlichen Tragflügelgeometrie.

Für das angedachte, in Serie zu produzierende Einsatzflugzeug als Jäger/Jagdbomber reichten die Erfahrungen aber nicht aus, und konventionell ausgerichtete Typen lieferten (vorerst) bessere Leistungen ab. Die Jaguar hatte während der Erprobung keine 10.000 m Flughöhe erreicht, in einem Sturzflug wurden 1.160 km/h erflogen. Im April 1953 stornierte die US-Marine ihre Bestellungen, und im selben Monat endeten auch die Erprobungsflüge. Der Prototyp wurde zusammen mit dem zweiten, zu 90 Prozent fertiggestellten Versuchsmuster nachfolgend für andere Tests mit Flugzeugfanganlagen bzw. Landebarrikaden und eine halbfertige Bruchzelle anderenorts als Zielobjekt verwendet. Somit blieb keine Jaguar der Nachwelt erhalten.

Grumman war im nachfolgenden Jahrzehnt an der Entwicklung des ersten einsatzfähigen und in Serie gebauten Schwenkflügelflugzeugs, der General Dynamics F-111 Aardvark (und vor allem an der erfolglosen, bordgestützten Navy-Ausführung F-111B, andererseits an der sehr erfolgreichen Variante EF-111 Raven als elektronisches Störflugzeug), beteiligt und landete schließlich in den 1970er-Jahren mit der F-14 Tomcat einen Volltreffer. Schnittigkeit und Leistungsstärke verschmolzen hier zu einem einzigartigen Kampfjet, auch dank der verwendeten Schwenkflügel. ■

# Fokker T.IV/ Fokker T.IVa

## Schwimmerflugzeug der Koninklijke Marine

Hagen Seehase

**Schönheitspreise hätte dieses Luftfahrzeug nie gewonnen, aber darauf kam es natürlich nicht an. Die Militärluftfahrt der 1920er-Jahre überzeugte weniger durch Eleganz als durch technische Innovation. Das war bei der Fokker T.IV nicht anders.**

In den 1920er-Jahren war die NV Nederlandsche Vliegtuigenfabriek Fokker weithin bekannt für ihre schweren Transportflugzeuge in Eindeckerauslegung. Als Fokker 1926 von der niederländischen Marine mit der Entwicklung eines zweimotorigen Wasserflugzeugs beauftragt wurde, übernahm das Unternehmen daher naturgemäß diese bewährte Bauweise. Die Spezifikation der Marine sah ein viersitziges Langstrecken-Aufklärungsflugzeug

Nach der Kampfwertsteigerung: Torpedobomber Fokker T.IVa mit verglasten MG-Ständen und Wright-Cyclone-Sternmotoren. Foto: Collectie Van Beek

vor, das zusätzlich sowohl als Bomber wie auch als Torpedobomber eingesetzt werden konnte. Am 7. Juni 1927 hob Emil Meinecke, Fokkers Testpilot, mit dem Prototyp des als »Fokker T.IV« bezeichneten Flugzeugs ab.

Dieses erste schwere in den Niederlanden entwickelte Schwimmerflugzeug besaß charakteristische, hoch angesetzte freitragenden Tragflächen. Wie bei anderen Fokker-Flugzeugen waren die Tragflächen der T.IV in Holzbauweise gefertigt und bestanden aus zwei Holmen, die sich über die gesamte Spannweite erstreckten, und Spanten aus Massivholz (Fichtenholz). Die Flügelbeplankung bestand aus Sperrholz. Die in den Flächen untergebrachten Treibstofftanks fassten 1.500 Liter. Auch Öltanks waren im Flügel untergebracht, die 60 Liter Schmierstoff fassten.

Die Rumpfkonstruktion entsprach dem Standard für Fokker-Maschinen. Das Fahrwerk war aus Stahlrohren geschweißt und mit Spanndrähten versteift. Von vorn nach hinten war der Rumpfraum wie folgt aufgeteilt: der Platz des Beobachters/Bordschützen, das Cockpit mit Doppelsteuerung, der Bombenschacht und der Platz des Funkers/Bordschützen. Alle Rumpfsektionen konnten miteinander kommunizieren. Die Navigationsausrüstung befand sich im Cockpit. Der Funker/Bordschütze feuerte defensiv vom oberen Maschinengewehrstand aus und bediente bei Aufklärungsmissionen zusätzlich die Kamera.

## Überzeugende Technik

Den unteren Maschinengewehrstand konnte man einziehen. Die Schwimmer, vollständig aus Duraluminium gefertigt, hatten jeweils ein Volumen von 6,15 m³ und waren durch Schotten in sechs Kammern unterteilt. Rumpf, Seitenleitwerk und Höhenleitwerk bestanden aus Stahlrohren und waren mit Segeltuch bespannt. Die Fokker T.IV konnte mit jedem Motor ausgestattet werden, der 450 PS leistete. Die Marineflieger (Marine Luchtvaart Dienst, MLD) entschieden sich im Bestreben, die in Flugzeugen verbauten Motoren zu standardisieren, für 12-Zylinder-Motoren von Lorraine-Dietrich mit 450 PS bei 1.700 U/min. Dabei handelt es sich um einen W-förmigen Reihenmotor, der über ein Untersetzungs-

Trotz des klobigen Aussehens war die Fokker T.IV ein leistungsfähiges Flugzeug, das an die Erfahrungen Fokkers im zivilen Flugzeugbau anknüpfte.
Foto: Nationaal Archief

Noch mit Lorraine-Motoren, aber mit vierblättrigen Luftschrauben, Fokker T.IV in Surabaya 1932.
Foto: Beeldbank Defensie

getriebe einen zweiblättrigen Astra-Holzpropeller antreibt. Jeder Lorraine-Motor war auf zwei an den Flügelholmen befestigten Halterungen montiert, die Motorhauben bestanden aus Stahlblech und endeten spindelförmig mit Ausbuchtungen in der Mitte.

Die T.IV war mit drei 7,9-mm-Maschinengewehren bewaffnet. Die Bombenlast im Bombenschacht betrug bis zu 900 kg und bestand aus vier 200-kg-Bomben oder 18 50-kg-Bomben. Bei Bedarf konnte ein Torpedo unter dem Rumpf an einer speziell dafür vorgesehenen Halterung mitgeführt werden. Die Höchstgeschwindigkeit betrug 275 km/h und die Reichweite 780 Kilometer.

Fokker hoffte natürlich auch auf einen Exporterfolg und bot die Fokker T.IV mit verschiedenen Motoren an: BMW VI, Hispano-Suiza 51, Napier Lion, Isotta-Fraschini usw. Aber nur Portugal kaufte drei Exemplare mit Napier-Lion-Motoren. Fokker entwickelte eine zivile Version der Maschine auf Basis des Torpedoflugzeugs: Es wurden einige Änderungen am Grunddesign des Flugzeugs und am Cockpit-Unterbau vorgenommen. Die Schwimmer konnten leicht durch ein Radfahrwerk ersetzt werden. Es bestand jedoch kein Interesse an zivilen Flugzeugen dieses Typs.

Während der Testflüge erreichte die T.IV eine Gipfelhöhe von 4.200 Metern und stieg 1.000 Meter in rund sieben Minuten. Diese Tests zeigten ein gutes Handling und eine hohe Manövrierfähigkeit der Maschine, sie bewältigte auch schwere See. Trotz ihres massigen Erscheinungsbildes stellte die T.IV mit ihrem freitragenden Einzelflügel und den gut verkleideten Triebwerken einen bedeutenden Fortschritt in der Aerodynamik gegenüber ihren Zeitgenossen wie etwa der Farman F.168, Douglas T2D-1, Caproni Ca.111 oder Heinkel He 7A dar.

## Einsatz in Ostindien

Zufrieden mit der Leistung der T.IV kaufte der MLD den Prototyp mit Lorraine-Motor und orderte elf Serienflugzeuge. Diese zwölf Flugzeuge erhielten die militärischen Nummern T-1 bis T-12. Im Sommer 1928 traf das erste Flugzeug, vollständig hellgrau lackiert, auf der Marinefliegerstation Surabaya-Morokrembangan ein. Die Fokker T.IV dienten in Niederländisch-Ostindien (dem späteren Indonesien) und wurden mit vier- oder fünfköpfiger Besatzung geflogen. Die Einsatzzeit der Maschinen verlief überwiegend friedlich; Flugzeuge wurden nur gelegentlich bei Anti-Piraterie-Operationen in Zusammenarbeit mit Kriegsschiffen eingesetzt.

Die Hauptaufgaben der Flugzeuge bestanden in Aufklärungsflügen im Küstenbereich und topografischen Vermessungen des Landesinneren. Die Fokker T.IV wurden auch als Transportflugzeuge eingesetzt, um Verwundete, Kranke, Lebensmittel, Medikamente, Post usw. zu transportieren. Im Februar 1933 wurde das Schiff De Zeven Provincien von Meuterern gekapert, woraufhin drei Fokker T.IV und sechs Dornier Wal gegen diese eingesetzt wurden. Eine Dornier Wal mit der Kennung D-11 warf 50-kg-Bomben ab und zwang die Meuterer zur Kapitulation.

Flugzeug T-1 stürzte am 16. Oktober 1937 in der Nähe der Banda-Inseln kurz nach dem Start ab, wobei alle fünf Besatzungsmitglieder ums Leben kamen. Die tropischen Bedingungen und der ständige Kontakt mit Salzwasser forderten ihren Tribut. Im Januar 1939 wurde T-2 abgeschrieben, gefolgt von T-9 am 1. März, von T-11 am 1. Mai und von T-8 am 1. September. Als am 24. August 1939 in den Niederlanden die Mobilmachungsvorbereitungen begannen, besaß der MLD sieben Wasserflugzeuge dieses Typs: T-3, T-4, T-5, T-6, T-7, T-10 und T-12. Sechs davon waren den Seefliegergruppen GVT-9 und GVT-10 zugeteilt, ein Flugzeug wurde in Reserve gehalten.

Mit Beginn der Auslieferung der neueren Seeflugzeugtypen Fokker T.VIII, der in Lizenz gefertigten Do-24K und der aus den USA importierten Consolidated PBY-5 Catalina wurden ältere Flugzeuge des Typs T.VI außer Dienst gestellt und im Jahr 1940 auf dem Marinestützpunkt Morokrembangan verschrottet.

Die Fokker T.IV waren ausschließlich für den Einsatz in den Kolonien vorgesehen, hier drei Fokker T.IV in Niederländisch-Ostindien, dem heutigen Indonesien. Foto: Beeldbank Defensie

## Von der T.IV zur T.IVa

Im Jahr 1934 beschloss das Kommando der niederländischen Marineflieger, die Anzahl der Torpedobomber in Niederländisch-Ostindien zu erhöhen. Obwohl die T.IV bereits veraltet war, schlug das Kommando der Marinefliegerkräfte vor, dass Fokker eine verbesserte Version dieses Wasserflugzeugs entwickeln solle. Die Konturen des Rumpfvorderteils wurden verändert: Der Beobachterstand wurde verglast, und das Maschinengewehr konnte aus einem vollständig verglasten Geschützturm abgefeuert werden. Auch das Cockpit erhielt eine Verglasung, und anstelle des offenen rückwärtigen Maschinengewehrstandes wurde ein verglaster Turm installiert, der den Funker vor dem Wind schützte. Die Konstruktion des Flugzeugs blieb im Wesentlichen gleich, aber die Spannweite wurde auf 26,40 Meter und die Flügelfläche um 1,80 m² vergrößert. Der modifizierte Flügel ermöglichte den Einbau neuer Treibstofftanks, deren Fassungsvermögen auf 2.250 Liter erhöht wurde. Auch das Triebwerk wurde geändert: Anstelle der wassergekühlten Reihenmotoren von Lorraine wurden luftgekühlte Neunzylinder-Sternmotoren vom Typ Wright Cyclone SR-1820-F2 mit 768 PS eingebaut.

Die Wright-Cyclone-Motoren waren der neue Standardmotor für die Kampfflugzeuge in Niederländisch-Ostindien (WH-1/2/3, Do-24, H-75, Brewster Buffalo, DC-2, DC-5, CW-21 usw.).

Die niederländische Marine bestellte zwölf Maschinen mit der Bezeichnung T.IVa, und im Herbst 1935 hob der erste Prototyp ab. Er war ursprünglich mit zweiblättrigen Heinkel-Holzpropellern ausgestattet, später wurden jedoch einstellbare zweiblättrige Metallpropeller mit variabler Steigung nachgerüstet. Dasselbe geschah mit dem zweiten Wasserflugzeug, das kurz nach dem ersten Prototyp gebaut wurde. Schließlich wurden spätere Maschinen mit dreiblättrigen Verstellpropellern ausgerüstet. Die T.IVa behielt die Seetüchtigkeit ihres Vorgängers bei. Dieses Fokker-Wasserflugzeug war in den Jahren 1935/36 durchaus konkurrenzfähig und machte im Vergleich zu seinen Zeitgenossen wie der französischen LeO 257 oder der deutschen Heinkel He 59B-2 eine gute Figur.

Am 4. Januar 1936 wurde die erste Serie von T.IVa-Flugzeugen bestellt. Sie erhielten die Registrierungsnummern T-13 bis T-18 und wurden nach Niederländisch-Indien ausgeliefert. Sechs der zweiten Serie von T.IVa wurden am 19. Januar 1937 bestellt und erhielten die Registrierungsnummern T-19 bis T-24. Sie wurden 1937 an die niederländische Marine übergeben. T-23 und T-24 blieben längere Zeit in den Niederlanden, wo sie für Übungen zum Abwurf von Torpedos eingesetzt wurden. Diese Tests wurden offenbar nicht abgeschlossen, da die T.IVa, anders als die ältere T.IV, nie als Torpedobomber eingesetzt wurde. Zum Zeitpunkt der Mobilmachung am 24. August 1939 befanden sich zehn von zwölf T.IVa in Niederländisch-Ostindien. Die fehlenden Flugzeuge waren die T-24, die erst später (Ende 1939) eintraf, und die bereits verlorene T-13. Die T-13 war am 12. Oktober 1937 in der Nähe von Tandjong-Awaradar bei Brondong auf Java mit acht Personen an Bord abgestürzt. Unter den Opfern war Kapitein-luitenant ter zee (Kapitänleutnant) H. G. de Bruijn, der kurz zuvor zum Kommandeur der Marinefliegerkräfte in Niederländisch-Ostindien ernannt worden war. Das Flugzeugwrack wurde von dem Regierungsschiff S. S. POLLUX geborgen.

Nach Beginn der Generalmobilmachung wurden alle im Dienst befindlichen T.IVa in zwei Fliegergruppen (Groepen Vliegtuigen) GVT 11 und GVT 12 zusammengefasst, die in Balikpapan bzw. Tarakan stationiert waren. Die Gruppen wurden später nach Morokrembangan verlegt. Ende 1939 erhielten die Flugzeuge Hoheitskennzeichen in Form von orangefarbenen, schwarz umrandeten Dreiecken. Flugzeuge des Typs T.IVa wurden weiterhin für sekundäre Aufgaben wie Transport, Such- und Rettungsmissionen sowie U-Boot-Patrouillen eingesetzt (sie konnten drei Wasserbomben tragen).

Fokker T.IVa, gut zu erkennen ist der hintere MG-Turm, der mit einem einzelnen Maschinengewehr bewaffnet war. Foto: Beeldbank Defensie

Am 26. Mai 1941 erlitt eine T-14 einen Triebwerksausfall und stürzte bei einer Notlandung im Hafen von Surabaya ins Meer. Das Flugzeug war ein Totalverlust. Von den fünf Besatzungsmitgliedern starben zwei.

## Einsatz gegen Japan

Zu Beginn des Krieges gegen Japan standen zehn T.IVa zur Verfügung. Zwei Flugzeuge waren auf dem Stützpunkt Morokrembangan (Surabaya) stationiert und führten unter Befehl des Stützpunktkommandanten Suchmissionen über der Javasee durch. Bald nach dem Angriff auf Pearl Harbor starteten die japanischen Streitkräfte die Invasion Niederländisch-Ostindiens. Die zweimotorigen Wasserflugzeuge von Fokker befanden sich bald im Fronteinsatz. Einige Wochen später griffen vier T.IVa das Schlachtschiff KIRISHIMA an. Jede Maschine warf zwei 125-Kilogramm-Bomben auf das Schiff ab. Nur eine Bombe traf, und sie richtete auch nur geringen Schaden an.

Am 3. Februar 1942 wurden T-20 und T-22 bei einem japanischen Luftangriff auf den Marinestützpunkt Morokrembangan zerstört. Aufgrund des schnellen japanischen Vormarsches war eine Evakuierung dieser Flugzeuge per Schiff unmöglich, und eine Verlegung auf dem Luftweg nach Australien oder Ceylon war aufgrund der begrenzten Reichweite ebenfalls nicht durchführbar. Am 2. März 1942 wurden die verbleibenden acht T.IVa-Flugzeuge von ihren eigenen Besatzungen auf dem Lengkong-See bei Modjeokerto zerstört, um zu verhindern, dass sie in japanische Hände fallen. ■

Die Niederländer unterhielten in Ostindien beachtliche Luft- und Seestreitkräfte, die aber 1941/42 keine Chance gegen die Japaner hatten. Fokker T.IVa und Dornier Do 24 im Formationsflug über Einheiten der niederländischen Marine in Niederländisch-Ostindien. Foto: Beeldbank Defensie

# Drei auf einen Streich

## Die britischen V-Bomber

Peter Straub

Alarmbereitschaft 1975 in Cottesmore. Wenn es klingelte, mussten die Atombomber binnen 15 Minuten in der Luft sein.
Foto: Any Leitch

**Auch in Großbritannien war nach dem Zweiten Weltkrieg die politische und militärische Situation angespannt. Man wollte schnellstmöglich die Streitkräfte wieder aufbauen, und zwar modern. Für die Luftwaffe bedeutete dies, dass sowohl Jäger als auch Bomber Strahlflugzeuge werden sollten. Hinzu kam die Forderung, eigene Atomwaffen zu besitzen, um nicht von den USA abhängig zu sein.**

Die Grundanforderungen an einen Atombomber wurden im Januar 1947 definiert und umfassten folgende Daten: Reichweite mindestens 5.500 km bis hinter Moskau und zurück nach Großbritannien, große Flughöhe von 15.000 m, Geschwindigkeit mindestens 900 km/h, Nutzlast mindestens 4,5 Tonnen zum Transport einer Atombombe, Auslegung mit vier Strahltriebwerken. Erfahrungen zu solchen

Victor-, Vulcan- und Valiant-Bomber waren am Anfang weiß lackiert. Foto: Imperial War Museum

Düsenbombern lagen keine vor. Man wollte ganz sicher gehen und ein brauchbares Konzept erhalten. Deshalb wurden drei Firmen zeitgleich mit der Entwicklung und mit dem Bau von entsprechenden Mustern beauftragt. Außerdem wollte man die eigene Luftfahrtindustrie fördern und Möglichkeiten schaffen, um in die neue Flugzeugtechnologie einzusteigen. Vickers entwickelte die »Valiant«, Avro die »Vulcan« und Handley Page die »Victor«.

Diese V-Bomber sollten das Rückgrat der britischen atomaren Abschreckung werden. Besonderer Umsetzungsdruck ergab sich Ende der 40er-Jahre, als die Sowjetunion mit eigenen Atomtests begann. Alle drei Firmen betraten Neuland und hatten keine Erfahrungen mit solch leistungsfähigen Düsenbombern, die ganz neue Anforderungen an den Flugzeugbau und an den Einsatz von Waffen stellten.

## Vickers Valiant

Die Vickers »Valiant« war ein klassischer, konservativer Flugzeugentwurf. Vickers baute im Zweiten Weltkrieg den »Wellington«-Bomber und hatte viel Erfahrung mit großen Flugzeugen. Auf diese Erfahrungen baute die »Valiant« auf, Entwicklungsbeginn für den ersten Vickers Strahlflugzeug-Bomber war 1948. Die Maschine hatte eine Spannweite von 34,8 m, ein maximales Abfluggewicht von 63,5 Tonnen, und im Mai 1951 war Erstflug. Sie wurde deutlich schneller entwickelt als die Konkurrenten und schon1955 in die britische Royal Air Force eingeführt. Insgesamt wurden 107 Maschinen gebaut.

Bereits 1956 wurden mit der »Valiant« scharfe Bombeneinsätze während der Suezkrise geflogen und konventionelle Bomben gegen ägyptische Militärflugplätze zum Einsatz gebracht. Auch die Erprobung und der Abwurf der ersten britischen Atombombe wurde im Oktober 1956 mit einer »Valiant« durchgeführt. Aus 9.100 m Höhe wurde über der australischen Maralinga Test Range die 4,5 Tonnen schwere »Blue Danube«-Bombe abgeworfen. Weitere Atombombentests fanden 1957 und 1958 auf der Weihnachtsinsel (heute: Kiribati) statt.

Die »Valiant« ist die einzige Maschine, mit der Großbritannien Atomwaffentests durchgeführt hat. Eingeführt wurde sie beim Verband in Gaydon, größter Einsatzstützpunkt wurde RAF Marham.

Letztendlich war die »Valiant« ein »Brückenflugzeug« und stellte den Übergang zu den beiden leistungsfähigeren Varianten dar. Anfang der 60er-Jahre waren alle drei Typen im Einsatz. Die Einsatzphilosophie in der NATO für die Atombomber änderte sich. Die Sowjetunion machte große Fortschritte darin, hochfliegende Bomber zu bekämpfen. Sowohl die radargesteuerten Boden-Luft-Lenkflugkörper (SAM – Surface to Air Missiles) als auch die leistungsfähigen Abfangjäger bedrohten den hochfliegenden Bomber. Alternativlösung in der Einsatzphilosophie wurden Tiefangriffe der Atombomber. Hierbei zeigten sich bei der »Valiant« Schwachstellen. Geschwindigkeit, Nutzlast und Agilität waren schlechter als bei den anderen Mustern.

Die »Valiant« wurde daraufhin mehr zum Unterstützungsflugzeug als Tanker, Aufklärer und elektronischer Störer. Das Tiefflugprofil belastete das konventionelle Flugzeugkonzept erheblich. Es zeigten sich Ermüdungsrisse in den Flügeln, und das Muster wurde bis 1965 komplett außer Dienst gestellt. Heute ist noch ein Muster im Royal-Air-Force-Museum erhalten und dokumentiert das Flugzeug in beeindruckender Weise. Die Maschine hatte einen konventionellen Rumpf, Pfeilflügel mit 35 Grad, war ein Schulterdecker und hatte vier Triebwerke, die paarweise in den Tragflächen untergebracht waren. Vickers ging mit diesem Entwurf auf die sichere Seite, konnte relativ schnell entwickeln und hatte damit den ersten V-Bomber, der in den Einsatz ging. Die fünf Mann Besatzung saßen auf zwei Ebenen. Pilot und Copilot im oberen Deck auf Schleudersitzen, die drei Radaroperatoren und

Die Valiant war ein Klassiker. Viel konventioneller Flugzeugbau, Schulterdecker. Foto: 207 Squadron

Nach Umstellung auf den Tiefflugangriff zeigten sich Strukturprobleme. 1965 wurden die Valiants ausgemustert. Foto: Royal Air Force Museum

Navigatoren saßen im unteren Deck ohne Sicht nach außen und mit dem Rücken zur Flugrichtung. Sie hatten keine Schleudersitze, hätten im Notfall konventionell über die Bodenluke abspringen und den Fallschirm manuell auslösen müssen.

## Avro Vulcan

Auch Avro hatte viel Erfahrung im Bomberbau. Die »Lancaster« war der bekannteste britische Bomber und wurde in großer Stückzahl im Zweiten Weltkrieg, vorwiegend bei Nachtangriffen über dem Deutschen Reich, eingesetzt.

Die Vulcan war ein beeindruckender Bomber – 113 Tonnen maximales Abfluggewicht, Deltaflügler, rd. 1.000 km/h schnell, sowohl für Höhen- als auch für Tiefangriffe hervorragend geeignet. Foto: Alistair Barbour

Radaroffizier, Navigator und Elektronik-Abwehroffizier saßen zu dritt im unteren Vulcan-Cockpit, Rücken zur Flugrichtung, keine Schleudersitze. Foto: Rob Edcumbe

Bis zu 21.425-kg-Bomben fanden im Waffenschacht der Vulcan bei den Angriffsflügen auf die Falklandinseln Platz. Foto: Su Butcher

Die »Vulcan« war der revolutionärste Flugzeugentwurf der drei V-Bomber. Auffallend war, dass die Maschine als Nurflügler mit Deltaflügeln ausgelegt war. Ein Novum im britischen Flugzeugbau der damaligen Zeit. Die »Vulcan« hatte eine Spannweite von 33,8 m und ein maximales Abfluggewicht von 113 Tonnen (Version B.2 mit verstärkter Struktur). Die Flügel erzeugten einen gewaltigen Auftrieb, die Leistung der Maschine in großer Höhe war ausgezeichnet, ebenso ihre Wendigkeit. Die Piloten verglichen das große Flugzeug in der Agilität mit einem Jagdflugzeug. Die vier Triebwerke waren in der Tragfläche eingebaut und hatten in Summe die doppelte Schubkraft einer

»Valiant«. Im Flügel konnte eine große Kraftstoffmenge mitgeführt werden, die Reichweite von 7.400 km war vergleichbar mit der Valiant. Im Rumpfmittelteil gab es einen großen Bombenschacht.

Von der Vulcan wurden insgesamt 136 Maschinen gebaut. Bei der Einführung als Variante B.1, ab 1960 in der völlig überarbeiteten und deutlich leistungsfähigeren Variante B.2. Hiervon wurden 92 Maschinen gebaut. Die »Vulcan« eignete sich sowohl für Hoch- als auch Tiefangriffe. Die Struktur und Stabilität von Tragwerk und Rumpf waren ausgezeichnet. Hauptbewaffnung für den Nukleareinsatz war die »Blue Steel«-Abstandswaffe. Sie konnte rd. 240 km vor einem Ziel aus großer Höhe abgeworfen werden, fiel dann kurz aus dem Nahbereich des Flugzeugs und zündete danach ein Flüssigkeits-Raketentriebwerk. Die Waffe erreichte doppelte Schallgeschwindigkeit und hatte eine Sprengkraft von 1,1 Megatonnen TNT. Aufgrund eines eigenen Trägheits-Navigationssystems erreichte sie eine Treffgenauigkeit von 100 m.

Mit der »Vulcan« konnten aber auch klassische Freifallbomben zum Einsatz gebracht werden. In diesem Fall wurden bis zu 21 Bomben der 425-kg-Klasse im Bombenschacht mitgeführt. Die ersten Vulcan B.1 wurden 1956 in die Royal Air Force eingeführt, die letzten Maschinen der Variante B.2 wurden 1984 außer Dienst gestellt. Der wichtigste »Vulcan«-Standort war die RAF-Base in Waddington, weitere bekannte Stützpunkte waren u. a. in Coningsby, Cottesmore oder in Finningley, wo die Ausbildung stattfand. In der Zeit zwischen 1969 bis 1975 waren Vulcan-Bomber auch auf Zypern auf der RAF-Base Akrotiri stationiert.

Auch die »Vulcan« hatte fünf Mann Besatzung und das gleiche Bedien- und Rettungskonzept wie die »Valiant«. Aufgrund ihrer beeindruckenden Form, der Wendigkeit und der Einsätze im Falklandkrieg ist die »Vulcan« wohl das bekannteste und legendärste Muster unter den drei V-Bombern.

## Handley Page Victor

Die Victor war ein elegantes Flugzeug. Mitteldecker, T-Leitwerk, aerodynamisch effizient. Foto: Mike Freer

Die »Victor« war das aerodynamisch anspruchsvollste und wahrscheinlich das eleganteste Flugzeug der V-Bomber. Kennzeichnend für das Flugzeug war der »Crescent Wing« (Sichelflügel) und das aerodynamisch geformte und auffallende Cockpit. Eine ausgeklügelte Konstruktion. Mit unterschiedlichen Pfeilwinkeln und

Die Victor konnte über 30 konventionelle 425-kg-Bomben mitführen. Im Konflikt Malaysia gegen Indonesien führten diese Einsatzbilder zur Abschreckung. Ein scharfer Bombenabwurf konnte so verhindert werden. Foto: Imperial War Museum

Die Victor wurde nach den Anfangsjahren als Bomber zum Tanker umgerüstet. Bis zu drei Fighter konnten sich gleichzeitig zur Betankung »anhängen«. Hier tanken zwei Lightning-Abfangjäger. Foto: Mike Freer

Profildicken erreichte der Tragflügel eine ausgezeichnete Effizienz, was sich durch eine hohe Reisegeschwindigkeit, gute Reichweite und hohe Gipfelhöhe bestätigte. Die »Victor« war das für die Fertigung anspruchsvollste Flugzeug, hatte die höchsten Entwicklungskosten und war auch in der Wartung aufwendig. Handley Page war ebenso wie die beiden anderen V-Bomber-Hersteller sehr erfahren. Im Zweiten Weltkrieg fertigte man dort den »Halifax«-Bomber.

Entwicklungsbeginn der »Victor« war 1947, Erstflug Ende 1952 und die Indienststellung im April 1958. Insgesamt wurden 86 »Victor«-Bomber gebaut, in vier Varianten. Das Besatzungskonzept glich den anderen beiden V-Bombern, jedoch waren beim »Victor« die drei Waffen- und Radar-/Navigationsoffiziere auf dem gleichen Deck in der gleichen Druckkabine untergebracht. Das erleichterte die Kommunikation. Die räumlichen Bedingungen waren insgesamt etwas großzügiger. Den rettungstechnischen Nachteil hatte man aber auch in der »Victor« verbaut, die drei im hinteren Cockpit hatten keinen Schleudersitz. Die Einsätze der V-Bomber dauerten meist sechs bis acht Stunden, mit Luftbetankung konnte es auch länger gehen.

Insbesondere in der Zeit der Tiefflugphilosophie war die Arbeitsbelastung für die ganze Besatzung extrem hoch, der Ritt durch die unteren Luftschichten war härter und unkomfortabler, die Navigation erforderte an Karte und Radar eine ständige Aufmerksamkeit. Das Rettungskonzept barg im Tiefflugeinsatz insbesondere für die hintere Besatzung ein deutlich höheres Risiko. Als Bewaffnung konnte die Maschine auch die »Blue Steel« zum Einsatz bringen.

Die »Victors« kamen in einigen Spannungsszenarien und Kriegsgebieten zum Einsatz. Den Anfang machte eine Verlegung von acht Maschinen nach Singapur und Malaysia, als es zwischen Indonesien und Malaysia zwischen 1962 und 1965 zu Spannungen kam. Ein Einsatz blieb aus, sie waren aber »klar zum Angriff« indonesischer Flugplätze mit konventioneller Bewaffnung.

Nach der Umstellung auf Tiefflug zeigte sich auch bei der »Victor«-Flotte die extreme Flugbelastung in der Rumpf- und Flügelstruktur. Nach zehn Jahren im Bombereinsatz verpasste man den Flugzeugen eine neue Rolle und setzte sie ab 1968 nur noch als Tanker ein. Hierzu wurden sie modernisiert und entsprechend umgebaut. In dieser Rolle bewährten sie sich in der zweiten Hälfte ihrer Nutzung außerordentlich. Die fordernden Tiefflugeinsätze gab es nicht mehr, und die aerodynamische Effizienz des Fliegers passte sehr gut zur Rolle als Tanker. Die 55 umgebauten »Victors« wurden zum Rückgrat der britischen Tankerflotte und blieben bis 1993 im Dienst. Beim Umbau zum Tanker wurden in die ehemaligen Bomber drei Betankungspunkte eingerüstet – zwei unter den Tragflächen und eine im Heck. Alle drei Punkte nutzen das »Probe and Drogue«-System mit ausfahrbarem Schlauch und einem auffaltbaren Trichter, in den das Empfängerflugzeug seinen Betankungsstutzen stecken muss. Zusätzliche Tanks wurden nicht benötigt, da das Flugzeug bereits über 91.000 Liter Fassungsvermögen in Flächen- und Rumpftanks verfügte. Selbst bei langen Missionen konnte davon die Hälfte an Empfängerflugzeuge abgegeben werden, bei kürzeren Missionen entsprechend mehr. Die Betankungspunkte konnten gemeinsam betrieben werden, sodass bis zu drei Kampfjets gleichzeitig hinter dem Tanker herflogen. Sollten größere Flugzeuge betankt werden, wie »Vulcan«- Bomber oder andere

Victor mit Betankungspod unter der Tragfläche in der »Tiefflug«-Lackierung. Foto: Imperial War Museum

»Victors«, machte man das über die Einzelversorgung und den zentralen Heckschlauch. Die Fördermenge pro Schlauch betrug ca. 1.200 Liter in der Minute. Als Tankflugzeug hatte die »Victor« zwei herausragende Einsätze: 1982 beim Falklandkrieg gegen Argentinien und 1991 im Golfkrieg gegen den Irak. Dort absolvierten »Victor«-Tanker 299 Luftbetankungseinsätze und betankten die eingesetzten britischen Tornados und Buccaneers und auch Kampfflugzeuge der verbündeten Streitkräfte.

## Operation »Black Buck« – »Vulcan« und »Victor« in gemeinsamem Einsatz

Die Operation »Black Buck« war eine Serie von sieben britischen Langstrecken-Luftangriffen während des Falklandkriegs im Jahr 1982. Sie gilt bis heute als eine der anspruchsvollsten und mutigsten Luftoperationen der Militärgeschichte. Vom Charakter her »very british«. Im Mittelpunkt standen »Vulcan«-Bomber, die von einem komplexen Netz aus »Victor«-Tankflugzeugen versorgt wurden und Ziele auf den von Argentinien besetzten Falklandinseln an-

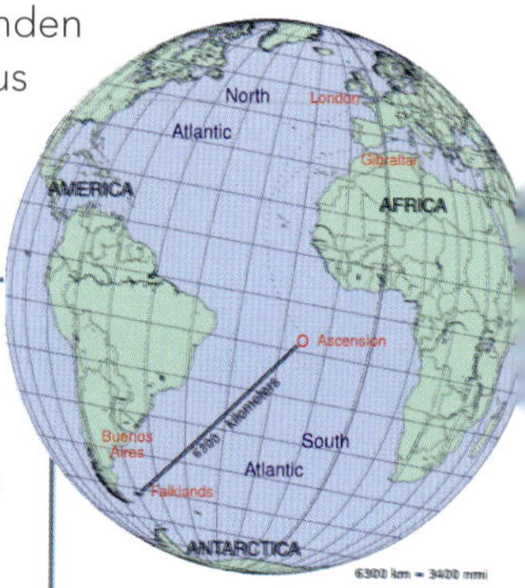


Über 6.000 km sind die Falklandinseln von Ascension entfernt. Die Bomber- und Tanker-Angriffsgruppe startete sieben Angriffe auf den Flugplatz Port Stanley und auf Radaranlagen. Grafik: Globe

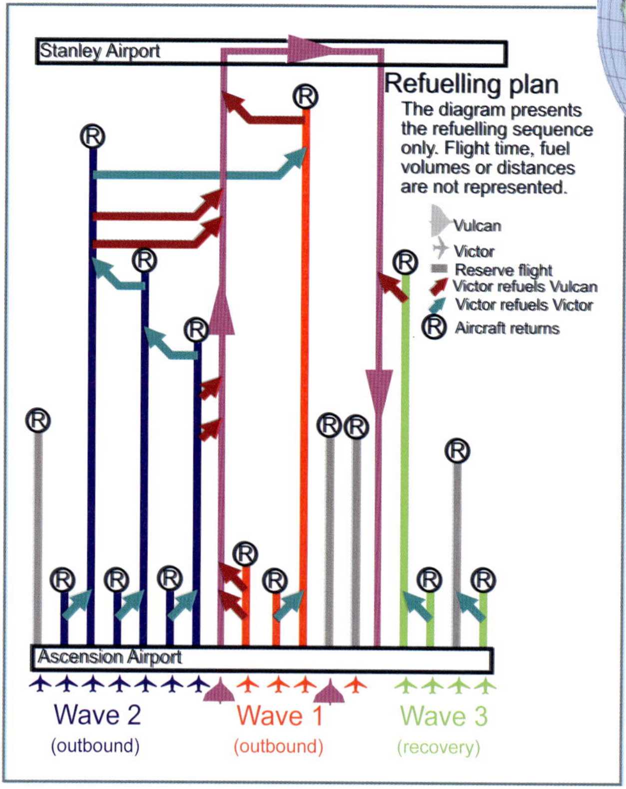


Insgesamt elf Tanker und zwei Bomber starteten zu den Missionen von Ascension. Die Tanker betankten sich gegenseitig und den angreifenden Vulcan-Bomber auf dem Hin- und Rückflug. Grafik: Keysanger

Die meiste Zeit ihrer Einsatzzeit flog die Victor als Tanker für alle Flugzeuge der RAF. Flugausdauer, Geschwindigkeit und Tankvolumen waren die wesentlichen Eigenschaften für den Einsatz. Foto: Mike Freer

gegriffen haben. Die Einsätze dauerten bis zu 16 Stunden und starteten auf der Atlantikinsel Ascension. Die Entfernung von dort zu den Falklands und zurück betrug rund 13.000 km. Die Briten entwickelten einen Betankungsplan, der zwei »Vulcans« und elf »Victors« starten ließ. Eine »Vulcan« war Ersatz und flog nicht bis zum Ziel. Was danach folgte war Generalstabsarbeit. Die Tanker betankten die »Vulcans« und teilweise auch sich gegenseitig. Nach der ersten Luftbetankung beider Bomber wurde entschieden, welcher weiter- und welcher wieder zurückfliegt. Von da an galt die ganze Operation dem verbliebenen Angriffsflugzeug.

Einige Tanker kehrten nach den Anfangsbetankungen nach Ascension zurück, tankten dort am Boden wieder auf, flogen den zurückkommenden Tankern und der »Vulcan« entgegen und betankten erneut. Durch diese Tankerkette wurden bis zu 18 Luftbetankungen bei einer Operation durchgeführt. Die Angriffe galten dem Flugplatz in Port Stanley und wurden mit konventionellen 425-kg-Bomben ausgeführt. Auch Radar- und Flugabwehrstellungen wurden angegriffen.

Im elfwöchigen Falklandkrieg gab es sieben solcher »Black Buck«-Angriffe, einige waren erfolgreich, andere nicht. Die Wirkung beim Feind war hauptsächlich psychologisch. Argentinien merkte, dass Falkland mit großen Bombern angegriffen werden kann, das band Kräfte und unterstützte die britischen Rückeroberungstruppen.

Bemerkenswert war neben der Durchführung auch die Tatsache, dass die »Vulcans« eigentlich schon zur Ausmusterung vorgesehen waren. Einige Flugzeuge hatten schon keinen Betankungsstutzen mehr, und die Besatzungen waren nicht mehr im Training für diese Verfahren. Innerhalb weniger Tage wurden die Maschinen und die Besatzungen wieder fit gemacht und auf die Insel Ascension verlegt. Man erzählt sich, dass ein Betankungsstutzen schon als Aschenbecher in einem Offizierskasino Verwendung fand und dann wieder reaktiviert und einsatzbereit gemacht wurde. Eben alles »very british«. ■

## VERGLEICH DER V-BOMBER

| | Valiant | Vulcan | Victor |
|---|---|---|---|
| **Spannweite (m)** | 34,8 | 33,8 | 36,6 |
| **Abfluggewicht max. (to)** | 63 | 93 | 98 |
| **Triebwerksleistung ges. (KN)** | 196 | 356 | 352 |
| **Nutzlast (to)** | 9,5 | 21 | 15,9 |
| **Geschwindigkeit (km/h)** | 910 | 1.040 | 1.040 |
| **Reichweite (km)** | 7.240 | 7.400 | 7.360 |
| **Einsatzflughöhe max. (m)** | 16.500 | 16.800 | 18.300 |

# Ein Huey mit bewegter Geschichte

## Der ehemalige BGS-Hubschrauber »D-HATE«

Axel Vogel

**Das Militärhistorische Museum Berlin-Gatow, Deutschlands einziges Luftfahrtmuseum auf einem erhaltenen Flugplatz, »erzählt viele Geschichten«. So beschreibt sich das Museum auf seiner Homepage selbst: »Von der geheimen NS-Aufrüstung über das Kriegsende und den Kalten Krieg bis zur Wiedervereinigung.«**

Herzstück für viele Wechselausstellungen ist die Sammlung des Museums, die Luftfahrtexponate der unterschiedlichsten Art umfasst: Flugzeuge und Hubschrauber ebenso wie etwa Drohnen und Raketen.

Die umfangreiche Sammlung, die in der Mehrzahl verteilt ist auf verschiedene Depots des weitverzweigten, rund 100 Hektar großen Flug-

Der »Huey« befindet sich in einem guten Zustand, wurde allerdings nachlackiert.
Foto: Axel Vogel

platzareals, ist zwar bestens erfasst, trotzdem stößt Museumsmitarbeiter Heiko Triesch immer noch auf den ein oder anderen Luftfahrtklassiker in der Inventarliste, der lange Zeit eher unbeachtet in einem der Hangars stand. Und der aus seiner Sicht eine eigene museale Aufbereitung verdient hätte.

Um ein solches Exponat handelt es sich bei einem ausgedienten Hubschrauber des Bundesgrenzschutzes (BGS) vom Typ Bell UH-1D. Der Helikopter verfügt mit der Buchstabenkombination »D-HATE« nicht nur über eine ungewöhnliche Kennung, auch hat die Maschine eine durchaus bewegte Geschichte während der Hochzeit terroristischer Aktivitäten und Anschläge in den 1970er-Jahren hinter sich. Triesch hat die Einsatzzeit des »D-HATE« rekonstruiert. Zu einem markanten Höhepunkt dürfte dabei sicherlich gehört haben: Auf einem der Rücksitze des Bell war eine Schlüsselfigur der Baader-Meinhof-Gruppe der Justiz überstellt worden.

## Technikhistoriker Heiko Triesch und das Militärhistorische Museum Berlin-Gatow

Der 58 Jahre alte Heiko Triesch, von Beruf Flugzeugbauer und studierter Technikhistoriker, ist in der musealen Luftfahrtszene kein Unbekannter. Lange Zeit gehörte er als Leiter des Bereichs Luft- und Raumfahrt im Deutschen Technik-

Auf dem Rücksitz des Bell hatte die RAF-Terroristin Gudrun Ensslin bei ihrer Überführung nach Stammheim gesessen, wie Heiko Triesch recherchiert hat. Foto: Axel Vogel

Blick unter die Triebwerksabdeckung, wo ein Lycoming T53-L13 mit einer Leistung von 1.030 Kilowatt zum Einsatz kam. Foto: Axel Vogel

Blick unter die Verkleidung au Zusatzaggregate und Relais. Foto: Axel Vogel

museum Berlin zu einem Team, das für die Restaurierung und Aufbereitung historischer Flugzeuge zuständig war. Ein Highlight während seiner Zeit dort war zweifellos die höchst aufwendige Rekonstruktion einer 1999 aus einem norwegischen Fjord bei Oslo geborgenen Focke-Wulf FW 200 »Condor« – das weltweit einzig erhaltene Flugzeug dieses Typs. Unter der wissenschaftlichen Begleitung des Deutschen Technikmuseums hatten Ehrenamtler von Airbus, Rolls-Royce und Lufthansa in Bremen und Oberursel über viele Jahre die komplette Rekonstruktion der Condor übernommen (der FliegerKalender berichtete darüber). Inzwischen steht die berühmte Viermotorige als Ausstellungsstück im ehemaligen Flughafen Tempelhof.

Seit Anfang 2025 bringt Triesch seine Expertise im Militärhistorischen Museum Berlin-Gatow ein: »Ich bin hier für alle dinglichen Zeugnisse verantwortlich, auch für die Zeugnisse, die wir nur in Papierform haben.« Die Sammlung sei sozusagen der Setzkasten, aus dem sich dann Ausstellungen im Museum bedienen würden. An großen Stücken umfasse sie rund 250 Fluggeräte, davon stünden etwa 100 Objekte am Standort in Gatow: »Der Rest ist über die ganze Republik verteilt.« Auf die Zeit des Kalten Krieges konzentriere sich der größte Sammlungsbestand, und daher auch das Hauptaugenmerk der musealen Aufbereitung.

Für Ausstellungen würde letztlich nur ein kleiner Teil der 250 Exponate verwendet: »Zehn Prozent vielleicht«, schätzt Triesch. Ein typischer Auftrag für eine geplante Ausstellung könne etwa lauten, ein Flugzeug aus der Zeit des Kalten Krieges ausfindig zu machen: »Etwa eine MiG-21, die über eine besondere Ge-

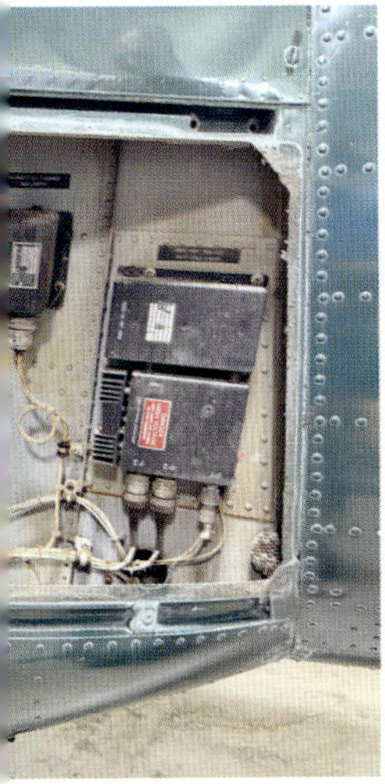

Blick ins Cockpit des »D-HATE«, dessen Pilotensitze im Laufe der Jahrzehnte sichtlich gelitten haben. Alles erforderte hier noch »Handarbeit« des Piloten. Foto: Axel Vogel

schichte verfügt.« Triesch muss dann nicht nur den passenden Jet in der Sammlung heraussuchen, sondern auch dazu passende Fotos und Unterlagen: »Damit könnten wir dann in der Ausstellung eine konkrete Geschichte erzählen, die im Kalten Krieg gespielt hat.«

Man sei aktuell außerdem dabei, die Lücken in der Zeit vor dem Kalten Krieg zu schließen, so Triesch weiter. »Daneben sammeln wir weiterhin aktuelles Fluggerät der Bundeswehr.« Natürlich gebe es darüber hinaus Wunschlisten: »Wir haben nicht alles da, was wir perspektivisch brauchen für eine große Ausstellung.« Daher halte man aktiv Ausschau nach ein paar Desideraten, insbesondere um Lücken aus der Frühzeit der Fliegerei bis zum Ende des Zweiten Weltkriegs zu schließen.

Heiko Triesch vergleicht die Sammlung in Gatow mit einer Bibliothek: »Wir stellen hier aber keine Bücher bereit, sondern Flugzeuge.« Natürlich stünde die ein oder andere Maschine mehr im Fokus als jene Exponate, die sozusagen »jahrelang im Regal« stünden. »Das ist halt die Funktion einer Sammlung und der Depots: Die sind sozusagen der Vorratsraum der Geschichte.«

## Der Bell UH-1D »D-HATE« in Gatow

Lange eher unbeachtet in jenem besagten Vorratsraum hatte in Gatow bislang eben auch der Bell UH-1D »D-HATE« gestanden. »Der Typ an sich ist ja eigentlich schon ein legendäres Fluggerät«, so Luftfahrtexperte Triesch: »Man kennt ihn vor allen Dingen aus dem Vietnamkrieg. Da war er zu Tausenden im Einsatz.«

Die markante Kennung „D-HATE« des Bell UH-1D erfolgte eher zufällig. Foto: Axel Vogel

Der Badge auf der Nase des Bell weist dessen ehemalige Zugehörigkeit zur »GS-Fliegerstaffel Ost« aus. Foto: Axel Vogel

Bislang stand der ausgediente Bell UH-1D des BGS mit der Kennung »D-HATE« etwas unscheinbar in der Ecke eines großen Hangars auf dem ehemaligen Flugplatzgelände in Gatow. Foto: Axel Vogel

Den Typ hatte ursprünglich die amerikanische Firma Bell Helicopter für die US-Armee als Mehrzweck-Kampfzonentransporter entwickelt. Der Erstflug fand 1956 statt. Im Lauf der Zeit entstand aus dem Basisentwurf eine ganze Typenreihe, die laut Triesch mit 16.000 Exemplaren die bisher größten Produktionszahlen für Hubschrauber erreichte. Als Transport-, Rettungs- und bewaffneter Kampfhubschrauber waren die »Hueys« weltweit im Einsatz. Allein im Vietnam-Krieg setzte die USA rund 7.000 von ihnen ein.

Auch in Deutschland fand der Allzweck-Hubschrauber Verwendung. Für die Bundeswehr fertigte Dornier von 1967 bis 1981 exakt 345 von insgesamt 352 Exemplaren an. Weitere zwölf Exemplare bestellte der Bundesgrenzschutz (BGS) als Ergänzung zur Aérospatiale Alouette II. Kenndaten: Rumpflänge: 12,7 Meter, Rotordurchmesser: 14,6 Meter, Startmasse: 4.300 Kilogramm, Nutzlast:

900 Kilogramm, Besatzung: bis zu zwölf Personen, inklusive der beiden Piloten. Die Reisegeschwindigkeit lag bei 200 Stundenkilometern, die Gipfelhöhe betrug 4.100 Meter und die Reichweite über 1.200 Kilometer. Angetrieben wurde der Bell mit einem Wellenleistungstriebwerk, einem Lycoming T53-L13 mit einer Leistung von 1.030 Kilowatt.

»Für die Nutzung beim BGS musste das Luftfahrtbundesamt eine Sondergenehmigung ausstellen, da der Bell UH-1D als rein militärischer Hubschrauber entwickelt und lizenziert worden war«, weiß Heiko Triesch: »Nun sollten die Maschinen aber mit zivilen Kennungen für den BGS fliegen, was eine neue Lizenzierung erforderlich machte.«

Zu den Hauptaufgaben der Bell zählte der Transport von Einsatz- und Spezialkräften wie etwa der legendären GSG9 des BGS. Zudem die Unterstützung von Hilfsorganisationen wie dem Deutschen Roten Kreuz (DRK), dem Technischen Hilfswerk (THW) und der Bergwacht. Nach ihrer Außerdienststellung beim BGS wurden viele der Bell UH-1D nach Südamerika verkauft, erklärt Fachmann Triesch. Nicht so der Bell UH-1D »D-HATE« aus dem Hangar in Gatow.

Diese war 1970 bei Dornier in Oberpfaffenhofen mit der Werknummer 8063 gebaut worden und bis Anfang 2001 im Dienst für den BGS. Die ungewöhnliche Kennung erfolgte dabei eher zufällig, ergänzt Triesch: »Die Buchstabenkombination D-H hatte das Luftfahrtbundesamt für zivile Hubschrauber vorgegeben, die Buchstaben ATE folgten dann willkürlich.«

## Einsätze des »D-HATE«

Während ihrer rund 30-jährigen Dienstzeit hatte die Maschine eine ganze Reihe ungewöhnlicher Einsätze geflogen, die oft auch zeitpolitischen Ereignissen geschuldet waren. Der erste Einsatz führte die Maschine zur Bundesgrenzschutzstaffel Mitte im Fuldatal bei Kassel. Zur Erinnerung: Die innerdeutsche Grenze war von dort aus nur wenige Flugminuten entfernt.

Der wohl aufsehenerregendste Einsatz des »D-HATE« fand während einer Hochphase der Auseinandersetzung des deutschen Rechtsstaates mit der linksextremistischen Terrororganisation Rote Armee Fraktion (RAF) statt, zu ihrer Anfangszeit auch bekannt als »Baader-Meinhof-Gruppe«. Am 7. Juni 1972 konnte die Polizei eine maßgebliche Protagonistin der RAF, Gudrun Ensslin, in einer Hamburger Modeboutique verhaften. Zum Verhängnis war ihr geworden, dass die Mitarbeiterin der Boutique in Ensslins Jacke eine Pistole ertastet und die Polizei gerufen hatte. Die Topterroristin wurde umgehend in den neu errichteten Hochsicherheitstrakt der Justizvollzugsanstalt Stuttgart-Stammheim geflogen. »Und zwar an Bord des »D-HATE«, berichtet Heiko Triesch. »Dabei lässt sich allerdings nicht mehr recherchieren, ob Gudrun Ensslin die ganze Strecke in dem D-HATE geflogen ist.«

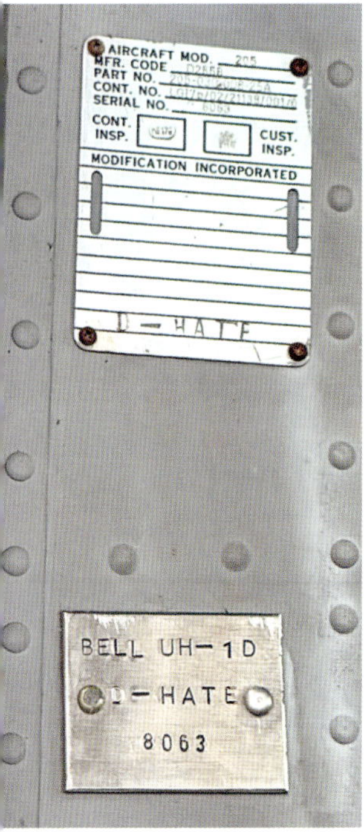


Die Typen- und Werknummernbeschriftung des Bell UH-1D befinden sich im Fußraum des Copiloten.
Foto: Axel Vogel

Stichwort Terror: Eine weitere markante Etappe der »D-HATE« war ihr Einsatz während der Olympischen Spiele in München. Belegt ist nach Aussage von Heiko Triesch, dass die Maschine beim Olympia-Attentat am 5. und 6. September 1972 in München stationiert war. Palästinenser der Terrororganisation »Schwarzer September« hatten im Olympiadorf israelische Sportler als Geisel genommen. Ein Befreiungsversuch auf dem Flugplatz Fürstenfeldbruck endete im Desaster: Elf israelische Sportler, ein deutscher Polizist und fünf Terroristen starben. Die Bilder einer ausgebrannten Bell UH-1D des BGS auf dem Flugfeld, in der das Terrorkommando mit Geiseln fliehen wollte, gingen damals um die Welt. Dabei stellt Heiko Triesch klar: »Der D-HATE war an dem Befreiungsversuch nicht beteiligt, aber befand sich damals in der Nähe, sozusagen auf Abruf.«

Während ihrer letzten Betriebsjahre in Diensten des BGS wurde der »D-HATE« zur Überwachung der deutsch-polnischen Grenze eingesetzt. Zudem auch während des verheerenden Oder-Hochwassers 1997, als der Hubschrauber zusammen mit anderen Maschinen die logistische Unterstützung der Rettungs- und Einsatzkräfte in dem Hochwassergebiet übernahm.

## Eigenheiten des »Huey«

Dass der »Huey« zu Recht so lange in der Bundeswehr wie auch beim BGS zum Einsatz kam, hat aus Sicht eines erfahrenen Hubschrauberpiloten der Bundeswehr, der das Muster lange geflogen ist, gute Gründe: »Es ist das grandioseste Fluggerät gewesen, was die Bundeswehr je hatte.« Was den Hubschrauber vor allem ausgezeichnet habe: »In der Maschine war ein rein mechanisches Fliegen erforderlich.« Alles, was mittlerweile in Hubschraubern Standard an Hilfsgeräten im Cockpit sei, beispielsweise ein Autopilot, gab es in der Bell nicht, erinnert sich der Luftwaffenoffizier, der aus Sicherheitsgründen nicht mit Namen erwähnt werden will. »Aber man musste wirklich Eigenheiten der Maschine berücksichtigen wie vor allem die indirekte Steuerung«, ergänzt der ehemalige Bell-Pilot. Damit meint er das Bell-eigene Stabilisierungsstangen-System. Das gebe nämlich Steuerbefehle vergleichsweise zeitverzögert an den Hauptrotor weiter, weil nicht direkt, sondern über kreiselstabilisierte Hilfsrotoren: »Eine Steuerverzögerung von rund 1,7 Sekunden musste man dann auch beim Navigieren stets einkalkulieren.«

Zu sehen sein wird der Bell weiterhin bei Hangarführungen, ergänzt Museumsexperte Triesch. »Die sind was ganz Besonderes.« Besuchergruppen müssen sich dafür allerdings anmelden. ■

# Westland »Sea Lynx«

## Dienstzeitende in der Deutschen Marine

Peter Straub

Der »Sea Lynx Mk.88A« war ein sehr leistungsfähiger Bordhubschrauber. Hier ausgerüstet mit einem schweren MG bei der Piratenjagd in der »Atalanta«-Operation.
Foto: Peter Straub

**Mit dem Westland »Sea Lynx Mk.88« startete die damalige Bundesmarine 1981 in ein neues Zeitalter. Erstmals kamen Bordhubschrauber zur U-Boot-Jagd auf Fregatten zum Einsatz. Der Hubschraubereinsatz hatte wesentliche Auswirkungen auf Schiffsbau und operativen Schiffsbetrieb. Ende 2026 werden die »Sea Lynx« ausgemustert und vom »Sea Tiger« abgelöst.**

Die größte Bedrohung für Kriegs- und Handelsschiffe auf See sind U-Boote. Die Entdeckung und Bekämpfung dieser Unterwasserjäger von einem Kriegsschiff aus ist schwierig und nur in einem begrenzten Radius möglich. Mit der rasanten Entwicklung der Hubschrauber in den 50er-Jahren rüstete man auch diese mit Sonar zur U-Boot-Suche und mit Torpedos zur Bekämpfung aus.

Der Westland »Wasp« war der Vorgänger der Lynx bei der Royal Navy und schon in den 60er-Jahren Bordhubschrauber auf Zerstörern und Fregatten.
Foto: Tim Fence

In der westlichen Welt waren es anfangs die relativ großen Sikorsky-Hubschrauber auf Basis des »S-55« und »S-58«, die aus Platzgründen auf Flugzeugträgern eingesetzt wurden. Anfang der 60er-Jahre entwickelte man bei Westland in Großbritannien den kleinen »Wasp«, der auch auf Zerstörern und Fregatten operieren konnte. Die Maschine war aber ein reiner Waffenträger ohne eigenes Radar und Sonar und musste die U-Boot-Jagd in Zusammenarbeit mit dem Schiffssonar der Fregatte durchführen.

In diesen Hubschrauber wurden wesentliche Konstruktionsmerkmale eingebaut, die für einen Bordbetrieb wichtig waren. Zu nennen sind hier: faltbarer Hauptrotor zur platzsparenden Unterbringung im kleinen Schiffshangar, robustes und langfederndes Fahrwerk für Seegang-Landungen auf kleinen Landedecks, salzwasserresistente Bauweise bei Zelle, Triebwerk und Bordelektrik, wartungsarme Auslegung und reparaturfreundliche Konstruktion. Der »Wasp« bewährte sich, war aber nur ein Zwischenschritt in der U-Jagd-Hubschrauber-Entwicklung. Zwischen Frankreich und Großbritannien startete in den 60er-Jahren ein umfangreiches Hubschrauber-Entwicklungsprogramm. Die Projekte »Gazelle«, »Puma« und »Lynx« wurden aufgesetzt. Jeder hatte an den Projekten Entwicklungs- und Produktionsanteile, beim »Lynx« übernahm Westland aus Großbritannien die konstruktive Führung. Man bündelte die Erfahrungen mit dem »Wasp« und entwickelte ein ganz neues und revolutionäres Hubschraubermuster.

Der »Lynx« war ein Hubschrauber der Sechs-Tonnen-Klasse, ausgelegt auf Geschwindigkeit und Agilität, ausgestattet mit Radar und Sonar, bewaffnungsfähig mit Torpedos und Lenkflugkörpern, salzwasserfest und voll borddiensttauglich bei Wartung und Reparatur. Eine wesentliche Besonderheit des »Lynx« war das halbstarre Rotorsystem (Semi-Rigid Rotor). Dabei findet die Bewegung des Rotorblatts hauptsächlich durch die elastische Verformung statt. Das spart Schwenk-

Mit Rettungswinde ausgestattet konnte der Sea Lynx auch zum Personentransport oder als Rettungsheli eingesetzt werden. Foto: Peter Straub

Auf der Nase die FLIR-Kamera, darunter das 360°-Überwachungsradar. Foto: Peter Straub

und Schlaggelenke am Rotorkopf und gibt dem Hubschrauber ein sehr direktes Ansprechverhalten für Steuereingaben und macht ihn äußerst agil. Mit dem »Lynx« wurden bei der Erprobung Rollen und Loopings geflogen. Ein Nachweis der besonderen Beweglichkeit, die durch das Rotorsystem möglich wurde.

Ein weiteres Auslegungsmerkmal des Rotorkopfs ist die Möglichkeit eines negativen Pitchs. Das bedeutet, dass die Rotorblätter auch »unter null Grad« Blattwinkel angestellt werden können. Das erzeugt Abtrieb, kann in bestimmten Fällen bei Landungen auf einem rollenden und stampfenden Schiffsdeck zusätzliche Landestabilität bringen und den Hubschrauber an Deck drücken, bis er fest verankert ist. Dieses »sub-min collective pitch« wird aber selten angewendet, weil es Rotorkopf und Rotorblätter extrem belastet. Ein weiteres Auslegungsmerkmal ist das äußerst stabile Fahrwerk und die hydraulische Harpune, mit der sich der Hubschrauber auf einem schwankenden Landedeck mit dem Schiff in einem speziellen Gitter verbinden kann.

Der Westland »Lynx« hatte 1971 Erstflug, ist seither wohl der beste Fregattenhubschrauber in der Sechs-Tonnen-Klasse und ausgezeichnet für die U-Boot-Jagd geeignet. »Lynx«-Hubschrauber wurden in 13 Ländern eingesetzt, einige sind noch immer im Dienst. In den 80er-Jahren wurden insbesondere die Rotorblätter aerodynamisch und festigkeitsmäßig überarbeitet. Mit den »BERP«-Rotorblättern (British Experimental Rotor Programme) wurden Geschwindigkeitsverbesserungen erzielt. Das Erreichen der 400-km/h-Geschwindigkeitsmarke ist bis heute Weltrekord für die konventionelle Bauweise von Hubschraubern mit Haupt- und Heckrotor.

Der „Flugdeck-Offizier" (FDO) weist bei Start und Landung ein. Foto: Peter Straub

Bei Betankung oder beim Festzurren nach der Landung unterstützen die Bordsoldaten. Hubschraubereinsatz an Bord ist Teamarbeit. Fotos: Peter Straub

Der »Sea Lynx« hat eine Hydraulikharpune, mit der er sich nach der Landung fest mit dem Landedeck verbinden kann. Ganz wichtig bei rollendem und stampfendem Schiff. Foto: Peter Straub

## Der Westland »Sea Lynx Mk.88« kam 1981 nach Deutschland

Die damalige Bundesmarine bekam mit der Einführung der Fregatten der »Bremen«-Klasse (Klasse 122) die ersten Kriegsschiffe, die für einen Einsatz mit U-Jagd-Hubschraubern ausgelegt waren. Bei der Auswahl eines geeigneten Hubschraubers entschied man sich für die Beschaffung des Westland »Sea Lynx Mk.88« und stellte beim Marinefliegergeschwader 3 in Nordholz eine neue fliegende und eine technische Staffel auf. Insgesamt 19 Maschinen kamen ab 1981 in die Marine. Damals setzten die wichtigsten NATO-Nachbarstaaten bereits diesen Hubschrauber ein. Großbritannien, Frankreich, die Niederlande, Dänemark und Norwegen hatten bereits entsprechend ausgelegte Fregatten oder Zerstörer und setzten auf den Westland »Lynx«.

Ein U-Jagd-Hubschrauber erhöht die Sensorreichweite und den Kampfwert eines Kriegsschiffes erheblich, erfordert aber bei der Auslegung in vielen Bereichen Veränderungen zu früheren Schiffskonzepten. Das Landedeck ist weit mehr als eine aufgeschweißte Stahlplatte. Ein Verankerungsgitter, Fluglage- und Windanzeigeinstrumente, abklappbare Reling, Anflugbefeuerung und Feuerlöschanlage gehören ebenso dazu wie ein Hangar mit Reparaturmöglichkeit, Lagerstätten für Ersatzteile und eine Munitionskammer für Torpedos, Lenkflugkörper und Leuchtmittel. In den Tanks müssen zusätzlich Flugkraftstoff sowie entsprechende Förderpum-

Die acht Fregatten der »Bremen«-Klasse waren die ersten Kampfschiffe der Marine, die mit Bordhubschraubern unterwegs waren.
Foto: Peter Straub

Der Pilot rechts fliegt den Hubschrauber, der »Linkssitzer« erstellt mit Radar und FLIR-Kamera das Lagebild und führt den Hubschrauber taktisch. Foto: Peter Straub

In der Operationszentrale einer Fregatte hält der »Helicopter Controller« Kontakt zum Hubschrauber. Foto: Peter Straub

pen und Filtersysteme berücksichtigt werden. Sind Hubschrauber eingeschifft, kommen auch zusätzlich Piloten, Operateure und eine Techniktruppe mit an Bord. Sie bilden zusammen den »Hauptabschnitt 500« und sind für den Flugbetrieb zuständig. Ca. 18 Personen bilden diese eingeschiffte Marinefliegergruppe beim Einsatz von zwei »Sea Lynx«-Hubschraubern. Weitere Spezialverwendungen gibt es an Bord der Fregatte für den Hubschraubereinsatz auf der Kommandobrücke und in der Operationszentrale.

## Der »Sea Lynx« im U-Jagd-Einsatz

Der Hubschrauber kann unterschiedlich ausgerüstet werden. Die Vollausstattung für den U-Jagd-Einsatz ist ein Tauchsonar, die dazugehörige Winde und die Sensorausstattung für den U-Jagd-Operator. An beiden Seiten kann je ein Leichtgewichtstorpedo mitgeführt werden. Mit Besatzung und Betankung kommt der Hubschrauber in dieser Konfiguration an das maximale Startgewicht und hat geringe Leistungsreserven. Daher hat sich für den Bordeinsatz der beiden »Sea Lynx«-Hubschrauber die Aufgabenteilung in »Dipper« und »Pony« durchgesetzt.

Der »Dipper« fliegt ohne Waffen und führt mit seinem Tauchsonar die U-Boot-Suche durch. Der Operator kann damit passiv horchen oder aktiv einen Sonarstrahl aussenden. Der Vorteil des Tauchsonars ist die Möglichkeit, in unterschiedlichen Wassertiefen zu suchen und damit in unterschiedliche Wasserschichten »hineinzuhören«. Diese Schichten können unterschiedliche Temperaturen, Salzgehalte und Dichtewerte haben. Genau diese Schichten nutzen U-Boote, um sich zu verbergen. Die Schichten verändern die Schallausbreitung und lenken

Sonarstrahlen ab. Unter anderem ist es wichtig, die Trennschicht (Thermokline) zwischen warmem Oberflächenwasser und kälterem Tiefenwasser zu bestimmen. Der Hubschrauber kann über, in oder unter der Thermokline nach U-Booten suchen. Zum Tauchsonareinsatz ist es notwendig, dass der Hubschrauber für eine bestimmte Zeit im Schwebeflug verharrt. Dies erfordert hohe Triebwerksleistung und damit hohen Kraftstoffverbrauch.

Der »Pony«-Hubschrauber hat kein Tauchsonar und trägt normalerweise zwei Torpedos, die zusammen ca. 600 kg wiegen. Er braucht nicht im Schwebeflug zu operieren und kommt zum Einsatz, wenn der »Dipper« ein Ziel entdeckt und zugewiesen hat. Dieser kombinierte Einsatz hat sich bewährt und ermöglicht die längsten Einsatzzeiten über Wasser.

Der »Sea Lynx« wird aber nicht nur als U-Jagd-Hubschrauber eingesetzt. Bei den Stabilisierungseinsätzen wie z. B. bei der Piratenjagd der »Atalanta«-Mission wurde mit dem Radar des Hubschraubers die Überwachungsreichweite der Fregatte wesentlich erweitert und das Lagebild erstellt. Zusätzlich waren diese Hubschrauber mit einem schweren MG (Kaliber 12,7 mm) ausgerüstet, das gegen angreifende Piratenboote eingesetzt wurde.

Sind Hubschrauber an Bord von Fregatten, werden sie auch als SAR-Such- und Rettungsmittel sowie als Verbindungshubschrauber zu anderen Schiffen und an Land eingesetzt. Dann wird eine Winde zum Personentransport gerüstet. Auch zum Materialtransport zwischen den Schiffen werden die Hubschrauber benutzt. Ein Außenlasthaken ermöglicht es, gut eine Tonne schwere Lasten in Netzen oder Containern zu bewegen.

Auch zur Überwasser-Kriegsführung konnte der »Sea Lynx« eingesetzt werden. Die mit einem halbaktivem Radarkopf ausgerüstete leichte Lenkrakete »Sea Skua« konnte auf eine Entfernung von bis zu 20 km verschossen werden. Der »Sea Lynx« musste dazu das Ziel identifizieren und der Lenkrakete die Daten während des Angriffsfluges weitergeben. Auch der kombinierte Einsatz zweier Hubschrauber war möglich. Einer strahlte mit Radar, der andere schoss den Lenkflugkörper. Diese Art der Bewaffnung bei den deutschen Hubschraubern war von ca. 1990 bis 2010 im Einsatz. Nach der Einführung der acht Fregatten der Klasse 122 wurden auch alle weiteren elf Fregatten der Klassen 123, 124 und 125 sowie die sechs Tender und drei Einsatzgruppenversorger mit Hubschrauber-Landedecks ausgestattet.

## Einsatzzeit der deutschen »Sea Lynx«-Hubschrauber 1981–2026

Nach der Bestellung von 19 Maschinen im Jahr 1979 begann die Auslieferung der ersten Maschinen 1981. Die Piloten dafür kamen teilweise aus der »Sea King«-SAR-Staffel, teilweise aber auch von Heer und Luftwaffe. Davor hatten sie die Muster Bell UH-1D und Bo 105 geflogen. Jungpiloten, die für den »Sea Lynx« vorgesehen waren, bekamen oft ihre Grundausbildung in den USA oder bei der Royal Navy.

Das Abschiedspatch wird von den Besatzungen mit Freude und auch etwas Traurigkeit getragen. Foto: Peter Straub

Der letzte »Sea Lynx« bekam eine ganz besondere Lackierung und machte eine Deutschland-Abschiedstour. Foto: Peter Straub

Das Fliegen eines »Sea Lynx« war anspruchsvoll. Der Hubschrauber ist ein verdammt sportlicher Geselle. Die hohe Triebwerksleistung bei relativ geringem Gewicht, die agile Rotorsystem-Reaktion und die hohe Geschwindigkeit machen den »Sea Lynx« zu einem Hubschrauber, der ständig aktiv geflogen werden muss. Damit verbunden ist aber auch ein gewisser Spaßfaktor, wenn das System beherrscht wird. Kaum ein Pilot, dem nicht ein verschmitztes Lächeln im Gesicht steht, wenn er vom Fliegen dieses »Sportwagens« berichtet.

In der Ausbildung geht es aber nicht nur ums Hubschrauberfliegen. Der Einsatz auf dem linken Sitz erfordert viel Übung in operativer Taktik, Zusammenarbeit mit

Oben: Auf der rechten Seite ist ein Luchs lackiert und die Fregatten, auf denen die »Sea Lynx« eingesetzt waren.
Unten: Auf der linken Seite prankt ein Tiger, der die Zukunft darstellt. Fotos: Peter Straub

Schiffen und Verständnis für U-Boot-Jagd und Waffeneinsatz. Der »Linkssitzer« bedient das Radar sowie die FLIR-Kamera und koordiniert die Zusammenarbeit mit den Schiffen. In der Regel ist er auch ein ausgebildeter Pilot. Der Operator im hinteren Raum ist für die U-Boot-Ortung, den Windenbetrieb oder den Einsatz des schweren Maschinengewehrs zuständig. Fliegerische Königsdisziplin ist für die Marineflieger die »DLQ« (Decklandequalifikation). Auf sich bewegenden Schiffen zu landen und zu starten, erfordert eine umfassende Ausbildung. Funktionieren muss das auch bei widrigen Wetterbedingungen, bei starkem Wind und hohem Wellengang. Die Agilität und Triebwerksleistung des »Sea Lynx« er-

Der wahre »Sea Tiger« sieht grau und schmucklos aus. Er hat die doppelte Abflugmasse und wird nun als Bordhubschrauber übernommen. Der Nachweis muss geführt werden, dass er auch zuverlässig an Bord eingesetzt werden kann. Ausgestattet ist er mit den modernsten Sensoren und Avionikgeräten. Foto: Peter Straub

leichtert zwar einiges, letztendlich bleibt es aber eine ganz besondere fliegerische Herausforderung und reine Handarbeit. Die Krönung dieser Zusatzqualifikation ist der Einsatz bei Nacht und das Beherrschen von Notverfahren.

Während der Einsatzzeit der Hubschrauber ist es zu vier Totalverlusten durch Kollision oder Notwasserung gekommen. Dabei gab es insgesamt drei Todesopfer. 1996 wurden sieben weitere »Sea Lynx Mk.88 A« bestellt. Diese modernisierte Ausführung hatte stärkere Triebwerke, die neueren BERP-Rotorblätter, ein leistungsfähigeres Radar, digitalere Cockpitauslegung und eine Infrarotkamera (FLIR). Also eine rundherum kampfwertgesteigerte Version. Im Laufe der darauffolgenden Jahre wurden auch die älteren »Mk.88«-Versionen auf den neuen Ausrüstungsstand hochgerüstet, sodass die letzten Jahre 22 Maschinen im Marineeinsatz waren.

Der »Sea Lynx« war bei vielen Manövern und Auslandseinsätzen dabei. »Sharp Guard«, »UNIFIL«, »Enduring Freedom«, »Atalanta« hießen die bekanntesten Friedens- und Stabilisierungsoperationen. Die Maschinen waren aber auch bei den Marinemanövern dabei, wo in internationalem Flottenverbund operiert wird. Dese Übungen heißen u. a. »Baltops«, »Northern Coasts«, »RIMPAC« oder »Joint Warrior«. Der Bordhubschrauber ist nicht mehr wegzudenken aus der maritimen Welt.

## Fazit und Nachfolger

Der »Sea Lynx« hat sich bewährt in seinen 45 Jahren Einsatzzeit. Im Herbst 2026 wurde er ausgemustert und durch das neue Muster Airbus NH90 MRFH (Multi Role Frigate Helicopter) »Sea Tiger« ersetzt. Von diesem Muster werden 30 Maschinen für die Marineflieger beschafft, eine weitere kommt zur Flug- und Waffenerprobung nach Manching zur Wehrtechnischen Erprobungsstelle. Dieser Hubschrauber spielt im Vergleich zum »Sea Lynx« in einer anderen Liga. Mit elf Tonnen maximalem Abfluggewicht ist er doppelt so schwer wie der »Sea Lynx«. Er hat eine höhere Nutzlast, vier Stunden Flugausdauer und ist mit modernen Sensoren bei Radar, Sonar und Selbstschutz ausgerüstet. Er ist voll digital ausgelegt und kann Daten im Flug übertragen und empfangen. Neben den Torpedos kann er auch wieder im Überwasserkampf sehr leistungsfähige Anti-Schiffs-Flugkörper (Marte ER) auf weite Entfernungen zum Einsatz bringen.

In der Besatzungsstruktur wird sich einiges ändern. Im Cockpit wird nur noch ein Pilot sitzen. Auf dem linken Sitz sitzt der »TACCO« (Tactical Coordinator), der für die Einsatzführung verantwortlich sein wird. Im hinteren Raum werden bis zu zwei Operateure für U-Boot-Jagd und Lenkwaffeneinsatz sitzen. Ob auch mit dem »Sea Tiger« die Aufteilung auf die »Dipper«- und »Pony«-Rolle erfolgt, wird die Zukunft zeigen, möglich ist auch, dass ein Hubschrauber beide Rollen ausführt.

Ein Plus des »Sea Lynx« war seine Robustheit und seine Eignung als Bordhubschrauber. Ob dies mit dem »Sea Tiger« genauso möglich wird, wird der Land- und Bordeinsatz zeigen. Der moderne Hubschrauber ist erheblich komplexer und hat bei Wartung und Betriebsführung ganz neue und umfangreichere Anforderungen. Auch im Einsatz der Fregattenhubschrauber gehen erste Überlegungen in Richtung Einsatz unbemannter Systeme für Aufklärung und Waffeneinsatz. Durchaus denkbar ist, dass die »Sea Tiger« im Laufe ihrer Einsatzzeit unbemannte fliegende Partner bekommen, die vom »Sea Tiger« direkt oder aus der Operationszentrale des Schiffes geführt werden. Das erweitert die Einsatzräume, Einsatzdauer und Wirkmöglichkeiten erheblich. Die Zukunft bleibt auch an dieser Stelle spannend. ■

**VERGLEICH VON U-JAGD-HUBSCHRAUBERN**

| | Wasp | Sea Lynx | Sea Tiger |
|---|---|---|---|
| **Abfluggewicht max. (kg)** | 2.500 | 5.330 | 11.400 |
| **Geschwindigkeit max. (km/h)** | 193 | 255 | 295 |
| **Flugdauer (h)** | 2,5 | 2 | 4 |
| **Besatzung** | 2 | 3 | 4 |
| **Antriebsleistung (PS)** | 710 | 2 x 1.014 | 2 x 2.260 |
| **Reichweite ca. (km)** | 490 | 450 | 980 |

# Der Aufbruch der Bundeswehr ins All

## 40 Spock-Satelliten mit KI-Augen, das Weltraumkommando und ein deutsches Starlink

Dr. Hans Krech

**Die Russische Föderation könnte bis 2029 in der Lage sein, NATO-Territorium anzugreifen. Das folgende kurze Szenario soll verdeutlichen, wie ein solcher Angriff im Baltikum aussehen könnte.**

Es ist eine schwarze Nacht. Kein Stern blinkt am Himmel. Der Mond ist hinter einer dicken Wolkendecke verschwunden. Es fällt seit Stunden Nieselregen. Doch auf der seit Monaten für den zivilen Verkehr gesperrten Landstraße von Gusev in östliche Richtung zur litauischen Grenze rollen in langen Kolonnen die Gefechtsfahrzeuge der 18. Mot.-Schützendivision Insterburg (Tschernjachowsk). Vorneweg die Panzerregimenter 321 und 20, dann das Mot.-Schützenregiment 280. Es sind nur etwa 80 km bis zum Grenzüber-

Logo Weltraumkommando
Quelle: https://www.bundeswehr.de/de/organisation/luftwaffe/organisation-/weltraumkommando-der-bundeswehr/ Downloadbereich (gesehen 1.5.2026).

Rechts:
Start einer Ariane.
Quelle: von Hans Krech mit KI-Copilot Microsoft erstellt am 1.5.2026.

gang vom Oblast Kaliningrad zum litauischen Kybartai. Diese Marschdistanz schafft die Division bis 4.00 Uhr morgens.

Aus der vollen Bewegung heraus soll die Grenze forciert und der Angriff in östliche Richtung auf Kaunas entwickelt werden, um den in Litauen stationierten NATO-Truppen mit der Panzerbrigade 45 Litauen aus Deutschland den Rückzug in Richtung Westen oder Klaipeda zur Ostseeküste abzuschneiden. Den Hauptangriff erwartet die NATO aus dem russischen Militärbezirk St. Petersburg über das Territorium Weißrusslands.

Die 200 Kampfpanzer T-80U der 18. Mot.-Schützendivision aus Gusev kommen schnell voran. Sie sind mit 42,5 Tonnen Gewicht sehr viel leichter als die Kampfpanzer der NATO, die oft 50 bis 60 Tonnen auf die Waage bringen. Das Gelände lässt ihren Einsatz nur auf dem Straßennetz und befestigten Wegen zu. Das oft sumpfige und von vielen kleinen Flüsschen durchzogene dicht bewaldete Operationsgebiet kann von ihnen im Gegensatz zu den russischen T-80U nicht befahren werden. Die mit einer Höhe von 2,20 m sehr flachen T-80U-Kampfpanzer haben eine Besatzung von nur drei Mann. Die Gasturbine ist leiser als die Vielstoffmotoren der deutschen Leopard-Panzer. Mit der 125-mm-Glattrohrkanone können Granaten und auch sechs Anti-Panzer-Flugkörper 9K119 verschossen werden. Der automatische Lader ermöglicht es, sieben bis neun Schuss pro Minute abzufeuern.

Doch die größte Stärke der Division ist das Überraschungsmoment. Um 11.00 Uhr erfolgt mit sieben Stunden Zeitverzögerung der Hauptangriff aus dem Osten über Weißrussland. Dann werden die NATO-Einheiten in Litauen bereits alarmiert sein und zur Abwehr des russischen Angriffs aus dem Oblast Kaliningrad in westliche Richtung marschieren. Es ist Dienstag, der 8. Mai 2029. Es ist der Tag des Angriffs der Russischen Föderation auf die NATO und die EU.

## Spock-Satelliten mit KI-Augen

Doch die Vorbereitungen der Landstreitkräfte der Russischen Föderation aus dem Oblast Kaliningrad heraus in östliche Richtung auf Litauen blieben von der Deutschen Bundeswehr nicht unbemerkt. Die russische 18. Mot.-Schützendivision tarnte ihre Angriffsvorbereitungen für den 8. Mai 2029 umfassend. Sämtliche digitale Kommunikation erfolgte nach den routinemäßigen Abläufen der letzten Jahre, die Funkverbindungen der Kommandeure der Einheiten untereinander, der Sprechfunk in den Gefechtsfahrzeugen, die Kommunikation der Division mit dem Befehlsstab im Oblast Kaliningrad, die Telefongespräche der Offiziere mit ihren Ehefrauen und Kindern. Teilweise war diese Kommunikation digital als Konserve vorbereitet worden und lief nun ab. Alle Befehle wurden nur noch per versiegeltem Brief mit Boten zugestellt.

Die Division übte die Alarmierung mehrfach in der Woche, bezog Bereitschaftsstellungen, aber nur westlich von Gusev. Nichts sollte auf den Angriff auf Litauen hindeuten. Keiner der Soldaten war vorab informiert. Es wurden am

7. Mai 2029 sogar noch Urlaubsbescheide genehmigt, die in dem Server der Division in Gusev gespeichert wurden, der aber seit einigen Jahren vom britischen Geheimdienst GCHQ überwacht wurde. Der deutsche Bundesnachrichtendienst BND hörte von Pullach aus die digitale Kommunikation der Division rund um die Uhr ab und zeichnete sie auch auf. Jede Veränderung des Funkverkehrs wäre schnell aufgefallen.

Außerdem wurde die 18. Mot.-Schützendivision in Gusev von den Aufklärungssatelliten Spock der Panzerbrigade 45 Litauen überwacht. Fünf der Satelliten hatten diese Aufgabe zugewiesen bekommen, sodass 24/7 immer einer der Sa-

Die voraussichtliche Anzahl der militärischen Aufklärungssatelliten der NATO in Europa 2028.
Quelle: von Hans Krech mit KI-Copilot Microsoft erstellt am 1.5.2026.

telliten direkt über dem Oblast Kaliningrad und Gusev seine Bahn zog. Den Satelliten war aufgefallen, dass alle drei Tage ein Zug mit drei Kampfpanzern T-80U die Kaserne verließ und auf der Landstraße in Richtung Litauen davonfuhr, um dann in den Wäldern beiderseits der Straße Stellung zu beziehen. Die Panzer wurden eingegraben, die Tarnnetze aufgespannt, jeglicher Funkverkehr eingestellt. Diese Sicherung der Landstraße erfolgte völlig unauffällig. Die Soldaten verließen ihre Verstecke nicht.

Dann wurden nachts von einer Pioniereinheit Tarnnetze über weite Teile der Landstraße gezogen, die damit aus der Luft kaum noch einsehbar war. Auf den letzten zehn Kilometern vor der Grenze zu Litauen wurden zudem alte Fischernetze gespannt, die Drohnenangriffe abwehren sollten. Doch den KI-Radar-Augen der Spock entging nichts. Jeden der eingegrabenen Panzer konnten sie finden und damit auch die Stoßrichtung der geheimen Angriffsplanung erkennen und die Panzerbrigade 45 vorwarnen.

Als die 18. Mot.-Schützendivision die Grenze zu Litauen aus der Marschbewegung heraus überquert und auf der Straße nach Kaunas ins Landesinnere vorstößt, gerät sie in offenes Gelände. Mehr als 1.000 Kamikaze-Drohnen der Bundeswehr, die dort als Schläferdrohnen schon vor Wochen stationiert worden sind, fallen über die fast wehrlosen Regimenter her. Innerhalb von 30 Minuten brennen fast alle 200 Kampfpanzer T-80U, ohne auch nur eine einzige Granate aus ihren 125-mm-Glattrohrkanonen abgefeuert zu haben.

## Das Weltraumkommando der Bundeswehr mit dem Weltraumlagezentrum

Die Spock-Aufklärungssatelliten sind geduldige Späher im Weltraum. Es sind Mini-SAR-Satelliten (Synthetic Aperture Radar), die mit ihrem Spezialradar völlig unabhängig vom Wetter und der Tageszeit auch durch dichte Wolken hindurch aufklären können. Zudem sind es kleine bewegliche Satelliten, deren Gewicht unter 100 kg liegt.[1] Es sind SAR-Satelliten der zweiten Generation, d. h., sie analysieren autonom, KI-gestützt ihre Radarbilder und sind so in der Lage, auch einzelne im Wald versteckte Kampfpanzer zu finden. Die Spock-Satelliten haben KI-Augen.

Kampferprobt im Ukraine-Krieg bei der Überwachung der russischen Truppen und auch schon im Einsatz für das NATO HQ, kaufte die Bundeswehr im Oktober 2025 bei der finnischen Firma Iceye für 1,76 Mrd. Euro 40 Mini-SAR-Satelliten. Sie werden im Rheinmetall-Werk in Neuss 2026 bis 2028 produziert. Ab dem Oktober 2026 wird dann der erste Spock-Satellit im All sein. Die Aufgabenstellung für die Satelliten ist die Unterstützung der Panzerbrigade 45 in Litauen, die damit zur modernsten Brigade der Bundeswehr aufwächst. Sie wird mit Kampf-

1 Das erste Foto aus dem Weltall wurde von einer deutschen Rakete A4 (V2) gemacht, die 1947 vom Truppenübungsplatz White Sands in New Mexiko gestartet wurde und eine Kamera an Bord hatte. Vgl. SpaceTime: Satelliten, in: Welt TV, 3.2.2026, 20:15 Uhr – 21:00 Uhr.

panzern Leopard 2A8, dem Schützenpanzer Puma, dem Flakpanzer Skyranger 30 und Kamikaze-Drohnen ausgerüstet.

Geführt werden die 40 Mini-SAR-Satelliten Spock durch das Weltraumkommando der Bundeswehr, das am 12. Juli 2021 aufgestellt wurde. Es befindet sich in Uedem im Bundesland Nordrhein-Westfalen. Dabei handelt es sich um eine Kommandobehörde der Luftwaffe und dort ist das Weltraumlagezentrum der Bundeswehr, das eng mit dem Kommando Cyber- und Informationsraum (KdoCIR) und dem Deutschen Zentrum für Luft- und Raumfahrt kooperiert. Im Jahr 2022 hatte das Weltraumkommando 90 Dienstposten, bis 2027 soll es einen Personalaufwuchs auf 220 Dienstposten geben.

Die NATO hat 2026 in Europa insgesamt 28 Aufklärungssatelliten im Einsatz. Mit den 40 deutschen Spock-Satelliten werden es dann 2028 insgesamt 68 sein. Deutschland wird damit in Europa innerhalb der NATO zur führenden Weltraummacht aufsteigen.[2]

## Der strategische Aufbruch der Bundeswehr in den Weltraum

Auf dem BDI-Weltraumkongress am 25. September 2025 in Berlin hielt Verteidigungsminister Boris Pistorius eine historische Rede. Er kündigte an, dass die Bundeswehr im Zeitraum 2026 bis 2030 bis zu 35 Mrd. Euro für die Verteidigung im All ausgeben wird. Es geht um die strategische Verbesserung der Aufklärungsfähigkeiten durch die Beschaffung von SAR-Satelliten und die Sicherung der eigenen weltraumgestützten Kommunikation. Derzeit läuft die Kommunikation der Bundeswehr über zwei kommerzielle Intelsat-Satelliten. Die Russische Föderation hat dies erkannt, und deshalb verfolgen russische Weltraumsonden ständig die beiden Intelsat-Satelliten. Als die Russische Föderation am 24. Februar 2022 die Ukraine überfiel, wurden zuvor die Satelliten Kiews mit einem Cyberangriff lahmgelegt.[3]

Die Russische Föderation hat im April 2026 ihre vier bisher gestarteten Anti-Satelliten-Waffen des Systems Nivelir vom Testmodus in den Einsatzmodus gestellt. Sie nähern sich gegnerischen Satelliten an und bekämpfen sie mit einem abgefeuerten Projektil. Die Tests dazu wurden 2020 durchgeführt. Seit 2024 gibt es in Moskau auch Überlegungen dazu, eine nukleare Anti-Satelliten-Waffe im Weltraum zu stationieren. Damit könnte ein größerer Teil der etwa 15.000 Satelliten im Erdorbit zerstört oder beschädigt werden. Die herumfliegenden Trüm-

---

2 Vgl. Müller, Björn: Schwieriger Umbau. Die Europäer müssen ihre Sicherheit eigenständiger organisieren. Dazu gibt es viele Impulse. Doch die Führungsrolle der Vereinigten Staaten lässt sich nur schwer ersetzen, in: loyal. Das Magazin für Sicherheitspolitik, 5/2026, S. 16.

3 Vgl. Lorenzen, Dirk: Zeitenwende im All, Mr. Sternzeit. Der Deutschlandfunk-Weltraum-Newsletter, Ausgabe 12, 8.10.2025.

Aufklärungssatelliten »Spock«. Quelle: von Hans Krech mit KI-Copilot Microsoft erstellt am 1.5.2026.

mer würden dann die Nutzung des Weltalls auf unbestimmte Zeit sehr erschweren oder sogar unmöglich machen.[4]

Russland entwickelt zudem Inspektor-Satelliten, die sich feindlichen Satelliten bis auf 100 m annähern und dann alle Informationen regelrecht absaugen. Auch die deutschen Satelliten müssen deshalb vor Cyberangriffen, Rammen und dem

4 Vgl. Linden, Michael: Russland aktiviert Anti-Satelliten-Waffen im Orbit, in: https://www.golem.de/news/asat-russland-aktiviert-antisatelliten-waffen-im-orbit-2604-207990.html (24.4.2026, gesehen 1.5.2026).

Beschuss mit Projektilen geschützt werden. Dazu schrieb die Bundeswehr geheim am 5. März 2026 ein »Starlink« aus, die SatcomBw Stufe 4. Der Auftragswert soll 8 bis 10 Mrd. Euro betragen. Insgesamt sollen 100 bis 200 Kommunikationssatelliten die Bundeswehr vernetzen, völlig unabhängig von anderen derartigen Systemen, wie etwa das Starlink von Elon Musk. Im Jahr 2029 sollen die ersten 40 Satelliten des Systems in einer erdnahen Umlaufbahn stationiert sein. OHB (Bremen), Rheinmetall (Düsseldorf) und Airbus Defence and Space (München) sollen an der Ausschreibung interessiert sein.[5] Das Kartellamt genehmigte dann ein Joint Venture zwischen Rheinmetall und OHB, die sich gemeinsam für das Projekt SatcomBw Stufe 4 bewerben wollen, berichtete das »Handelsblatt« am 16. April 2026. Auch Airbus will sich zusammen mit OHB und Rheinmetall an der Ausschreibung beteiligen, wodurch das Projekt schneller realisiert werden könnte.

Es ist zu erwarten, dass diese Satelliten KI-gestützt autonom Kollisionen durch Kippmanöver ausweichen können und damit auch Rammattacken durch russische Satelliten. Zudem werden sie in der Lage sein, autonom Kurskorrekturen vorzunehmen.[6]

## Der Schutz der kritischen Infrastruktur im Weltall durch die EU

Die EU reagierte auf die wachsende Bedrohung der europäischen kritischen Infrastruktur im Weltall durch die erstmalige Einsetzung eines EU-Kommissars für Verteidigung und Raumfahrt am 1. Dezember 2024. Der erfahrene litauische Spitzenpolitiker Andrius Kubilius übernahm das hohe Amt.

Die ESA, die 1975 gegründet wurde und der 23 Mitgliedstaaten aus Europa angehören, zog nach und verkündete auf der Ministerratstagung am 26./27. November 2025 in Bremen sogar einen Neustart. Erstmals überhaupt wird die ESA nun zivile und militärische Projekte betreiben. Dazu wurde der Etat für den Zeitraum 2025 bis 2028 um 5 Mrd. Euro auf 22,3 Mrd. Euro aufgestockt. Ab 2028 wird die Behörde dann vollständig aus dem EU-Haushalt finanziert. Außerdem verkündete die ESA ein »European Resilience from Space«-Programm zur weltraumgestützten Widerstandsfähigkeit. Dazu sollen mehr als 100 Aufklärungssatelliten durch die ESA beschafft und das europäische Navigationssystem Galileo

5 Vgl. Jahn, Thomas: Startschuss für Deutschlands größtes Raumfahrtprojekt. Die Bundeswehr hat die Ausschreibung für das »Starlink der Bundeswehr« getätigt. Das Projekt ist so riesig, dass OHB, Rheinmetall und Airbus die Kooperation suchen, in: https://www.handelsblatt.com/technik/forschung-innovation/verteidigung-startschuss-groesstes-raumfahrtprojekt/100205818.html (9.3.2026, gesehen 10.3.2026); ZDF Heute, 19.3.2026; Arbeiter, Armin: Deutschland kann nur mit Satelliten kriegstüchtig werden – und hat ambitionierte Ziele, in: https://www.nzz.ch/international/deutschland-kann-nur-mit-satelliten-kriegstüchtig-werden-und-hat-ambitionierte-ziele-ld.1928475. (11.3.2026, gesehen 13.3.2026).

6 Vgl. Bräuer, Robin: Autonome Waffen und Künstliche Intelligenz im Weltraum – also selbstständige Killersatelliten im All?, in: Nötzold, Antje/Fels, Enrico/Rotter, Andrea/Brake, Moritz (Hrsg.): Strategischer Wettbewerb im Weltraum. Politik, Recht, Sicherheit und Wirtschaft im All, Wiesbaden 2024, S. 495.

soll ausgebaut werden.[7] Außerdem benötigt die ESA neben dem Raumfahrtzentrum Kourou in Französisch-Guayana noch einen zweiten Weltraumbahnhof, da von Kourou nur eine Trägerrakete Ariane 6 pro Monat starten kann. Diese neue Rakete ist seit Februar 2025 im Einsatz.[8]

## Die friedliche Erforschung des Universums ist das größte Abenteuer der Menschheit

Der Weltraumvertrag von 1967 verbietet den Einsatz von Waffen im Weltraum. Die Bundeswehr und die europäische Raumfahrtagentur ESA werden diesen Vertrag selbstverständlich einhalten. Europäer und Deutsche stärken unsere Resilienz im All, sie stationieren unbewaffnete Aufklärungssatelliten, Kommunikations- und Navigationssatelliten. Eine Stationierung von Satelliten-Waffen ist ausgeschlossen.

Europa betreibt das James-Webb-Weltraumteleskop mit, das uns erstmals in einer unglaublichen Qualität Fotos aus Milliarden Lichtjahren Entfernung aus den unendlichen Weiten des Weltraums liefert. Mit einer Ariane 5 wurde das James-Webb-Weltraumteleskop am 25. Dezember 2021 von Kourou aus ins All transportiert. Es ist ein Gemeinschaftsprojekt von ESA, NASA und CSA (Kanada). Die Lebenszeit im All wird 20 Jahre betragen. Es ist das Arbeitspferd der Astronomie, unser Auge und unser Tor zum All. Barack Obama kommentierte den geglückten Start des James-Webb-Weltraumteleskops und die Veröffentlichungen der ersten Fotos folgendermaßen: »Sie wecken die Neugierde und das Staunen kommender Generationen.«[9]

Die friedliche Erforschung des Universums ist das größte Abenteuer der Menschheit. ■

---

7 Vgl. Lorenzen, Dirk: Mr. Sternzeit. Der Deutschlandfunk-Weltraum-Newsletter, Ausgabe 16, 4.12.2025.

8 Vgl. Lorenzen, Dirk: Europas Bedrohung aus dem All, Mr. Sternzeit. Der Deutschlandfunk-Weltraum-Newsletter, Ausgabe 20, 30.1.2026.

9 Zit. in: Walter, Ulrich: Origins. Der Ursprung des Lebens. Mit den bahnbrechenden Aufnahmen des James-Webb-Weltraumteleskops, München 2023, hinterer Einband. Vgl. dazu auch: Das Neue Zeitalter der Großen Entdeckungen – Die Erdumrundung von Magellan vor 500 Jahren und die Erforschung des Weltalls und des Cyberraumes – Reservistenverband, in: https://www.reservistenverband.de/hamburg/hamburg-ost/aktuelles/das-neue-zeitalter-der-grossen-entdeckungen-die-erdumrundung-von-magellan-vor-500-jahren-und-die-erforschung-des-weltalls-und-des-cyberraumes/ (2.2.2026, gesehen 2.2.2026).

# Chengdu J-20

## Chinas erster Stealth-Fighter

Heiko Thiesler

**China hat in den letzten Jahrzehnten technologisch gewaltig aufgeholt, auch in den Bereichen der Luftfahrtindustrie und Militärfliegerei. Man stützt sich schon längst nicht mehr auf lizenzierte und unlizenzierte Nachbauten oder deren Weiterentwicklungen. Die in Chengdu entworfene J-20 zeigt das besonders deutlich, denn mit diesem Flugzeug ist es China tatsächlich gelungen, als zweite Nation nach den USA einen Stealth-Fighter in Serie zu bauen und in Dienst zu stellen.**

In der Volksrepublik China begann die entscheidende Modernisierung im Militärflugzeugbau und gleichfalls bei den Fliegerkräften ab Ende der 1990er-Jahre. Die frühen, in Russland gekauften Baulose der Su-27 waren in Dienst gestellt, und neben weiteren Exemplaren dieses agilen Jägers wurden außerdem verbesserte Versionen

Mit der J-20 stellte China im Jahr 2018 als zweite Nation nach den USA ein Kampfflugzeug mit Tarnkappeneigenschaften (Stealth) in Dienst.
Foto: Wang Weidong

Mit einem sehr dunklen Anstrich versehen, ist hier der erste Prototyp bzw. Technologiedemonstrator mit der Bordnummer »2001« während der Flugerprobung zu sehen. Foto: MPD

als Su-30MKK und MK2 geordert. Etwa zeitgleich flog auch Chinas eigenentwickelter Mehrzweckkampfjet J-10 zum ersten Mal, und die einheimischen Entwicklungsbüros arbeiteten an weiteren ehrgeizigen Projekten, die auch andere Bereiche abdecken sollten. Am ambitioniertesten dürfte seinerzeit allerdings das »Projekt 718« gewesen sein. Es führte zum späteren und mittlerweile in ansehnlichen Stückzahlen eingesetzten ersten Stealth-Kampfflugzeug Chinas – der J-20 Weilong. Noch immer sind zahlreiche Details dieses aufregenden Kampfjets unbekannt, und viele Parameter müssen vorläufig als Schätzwerte angesehen werden, doch bei solch hochmoderner Technologie und den dazugehörigen Komponenten verwundert das kaum.

## Chengdu überzeugt mit seinem Entwurf

In der zweiten Hälfte der 1990er-Jahre arbeiteten Konstruktionsteams in Chengdu, Hongdu sowie Shenyang an Studien zu einem künftigen, zur sogenannten 5. Generation zählenden Kampfjet. Das Konzept dieser Generation beinhaltet u. a. einen starken Antrieb mit Supercruise-Fähigkeiten, also dem Fliegen mit Überschallgeschwindigkeit, ohne einen Nachbrenner nutzen zu müssen, des Weiteren eine gewisse Tarnfähigkeit mit geringer Radarrückstrahlfläche, eine Nachtankfähigkeit in der Luft, modernste Avionik inklusive eines AESA-Radars mit einzeln steuerbaren Modulen oder auch die neuesten Lenkwaffen.

Die Ingenieure von Chengdu unter Leitung von Yang Wei leisteten offenbar gute Arbeit, konnten mit ihrem Design die chinesischen Militärs überzeugen und begannen zum Ausklang des 20. Jahrhunderts mit der Detailkonzeption.

Mit dem später J-20 genannten Entwurf entstand ein relativ großes Flugzeug mit deltaartigen Tragflächen sowie zusätzlichen, voll beweglichen Stützflügeln weiter vorn an den Lufteinlässen. Voll beweglich sind auch Leitwerksflossen am Heck, wo es wiederum an stabilisierenden Verlängerungen zusätzliche, nach

Mit vollem Nachbrennereinsatz zeigt diese J-20 ihre Beweglichkeit. Anfangs kamen russische AL-31, später chinesische Aggregate zum Einsatz. Foto: Yang Pan

unten weisende Kielflossen gibt. Die Lufteinlässe sind nach dem Diverterless-Supersonic-Inlet-(DSI-)Schema aufgebaut, wobei keine beweglichen Teile wie Stellmechanismen verwendet werden. Das hilft, Gewicht einzusparen, bei allen Geschwindigkeiten bis in den Überschallbereich kann zudem kontrolliert Luft zugeführt und damit eine höhere Effizienz und Wirtschaftlichkeit erreicht werden. Die anschließenden Triebwerksschächte nehmen zwei russische Saturn AL-31FN auf, die später durch chinesische Aggregate (am besten mit Schubvektorsteuerung) ersetzt werden sollten. Über das weitere Innenleben, vor allem im Avionikbereich, ist kaum etwas bekannt. Vermutet wird ein AESA-Radar vom Typ KLJ-5, das eine Erfassungsreichweite von rund 300 km aufweisen soll und von weiteren Sensoren auf Infrarot- und Laserbasis unterstützt wird. Diese ermöglichen praktisch eine 360-Grad-Abdeckung und damit eine Sicht rund um das Flugzeug. Der Pilot verfügt über ein Weitwinkel-HUD sowie mehrere Mehrzweckbildschirme und ein Helmvisier. Die Bewaffnung ist gemäß einem Stealth-Fighter vorwiegend intern untergebracht. Ein großer, etwa in der Rumpfmitte befindlicher Schacht nimmt bis zu vier radargelenkte Mittel- oder Langstreckenraketen wie die bis zu 200 km weit reichende PL-15 auf, während zwei kleinere seitliche Kammern Luftkampfraketen für kürzere Distanzen wie die PL-10 mit etwa 20 km Reichweite beherbergen. Die kleineren Lenkwaffen können dabei ausgefahren und danach die Schächte wieder verschlossen werden. Möglich soll auch das Mitführen von Bewaffnung an Außenstationen sein, ebenso das Anbringen von Zusatztanks für Überführungsflüge. Über die Verwendung einer Bordkanone oder von Luft-Boden-Waffen wird bisher nur spekuliert.

Die J-20 ist ganz klar für längere Distanzen ausgelegt, steuerbord am Bug dient eine ausfahrbare Luftbetankungsvorrichtung zur Ausdehnung der Einsatzdauer. Das Fahrwerk ist in Bugradanordnung gestaltet und an allen drei Baugruppen jeweils einfach bereift. Die gesamte Struktur des Flugzeugs, spezielle Materialien einschließlich annähernd 30 Prozent Verbundwerkstoffe oder auch ein radarabsorbierender Anstrich sind für die angestrebten Tarnfähigkeiten mitverantwortlich.

## Umfangreiche Erprobung und zügige Diensteinführung

Die Flugerprobung der J-20 wurde am 11. Januar 2011 eingeleitet und zunächst von zwei als Technologiedemonstratoren proklamierten Maschinen bestritten. Im Jahr 2014 absolvierten vier weitere Prototypen ihre ersten Flüge, 2015 noch mal zwei. Diese wiesen gegenüber den zuerst geflogenen J-20 einige Änderungen etwa an den Lufteinlässen, den Stabilisatoren am Heck, am Cockpitdach oder innerhalb der Ausstattung auf. Die Erprobung schritt gut voran, und dank konstanter finanzieller Absicherung waren ab Januar 2016 schließlich die ersten Vorserienflugzeuge in der Luft. Auch sie unterstützten nachfolgend die ausgiebigen Testreihen, die nicht völlig problemlos verliefen und verschiedene Nacharbeiten im Avioniksektor erforderten. Noch zum Jahresende 2016 erhielt die chinesische Luftwaffe die ersten Serienexemplare als J-20. Hier wird das Flugzeug auch Weilong (dt. Großer Drachen) genannt.

Zunächst wurden mit der 176. Luftwaffenbrigade in Dingxin sowie ab 2018 mit der 172. Luftwaffenbrigade in Cangzhou zwei Test- und Umschulungseinheiten beliefert, die vor allem die Einsatzerprobung sowie das Training von Personal übernahmen. Mit der zum östlichen Verteidigungsbezirk gehörenden 9. Luftwaffenbrigade in Wuhu erhielt schließlich der erste operationelle Einsatzverband Anfang 2018 den ersten chinesischen Jäger der 5. Generation. Damit gingen Aufnahme der Serienproduktion und der Dienstantritt schneller als bei vergleichbaren Kampfjets dieser Generation wie etwa F-22 oder F-35 vonstatten – und das bei wesentlich geringeren Entwicklungskosten, die nicht einmal ein Fünftel der Kosten der F-22 Raptor ausgemacht haben sollen. Mittlerweile wurde die

Die J-20 verfügt über zahlreiche technische Raffinessen, um gute Flugeigenschaften inklusive einer hohen Manövrierfähigkeit zu erreichen. Vorflügel und Leitwerke sind voll beweglich. Foto: China Military

Die Lenkraketen in den kleineren, seitlichen Kammern können ausgefahren, die Waffenschächte dann wieder verschlossen werden. Foto: Yang Pan

J-20 in mehr als einem Dutzend Luftwaffenbrigaden eingeführt, und die Stückzahl kletterte zum Jahresende 2025 auf bemerkenswerte 300 Exemplare. Natürlich konnten mit dem alltäglichen Einsatz des Flugzeugs und der zunehmenden Stückzahl in den Luftwaffenverbänden Erfahrungen gesammelt werden und diese in Verbesserungen einfließen.

## Neuerungen und neue Varianten

Bereits frühzeitig war beabsichtigt, die russischen Triebwerke durch einheimische Aggregate mit höherer Schubleistung zu ersetzen. Ab 2017 testete man das Liming WS-10 mit etwa 145 kN Nachbrennerschub, im Folgejahr temporär für eine höhere Manövrierfähigkeit auch mit Schubvektorsteuerung. Flugzeuge mit dem WS-10 hielt man anfangs für die J-20A, doch tragen diese in Wirklichkeit keine eigene Versionsbezeichnung. Das WS-10 galt in der Vergangenheit allerdings als problembehaftet und unwirtschaftlich, die Überholungsintervalle waren zu kurz, und geforderte Schubleistungen wurden nicht erfüllt. So dient es eher als Übergangslösung und soll vom in Shenyang entwickelten und seit 2023 in Xian gebauten WS-15 mit bis zu 180 kN Nachbrennerschub ersetzt werden. In der jüngeren Vergangenheit hat man mehrmals WS-15 an der J-20 gesichtet, offenbar ist es inzwischen betriebsbereit oder befindet sich zumindest in der Einsatzerprobung.

Etwa seit 2022 fliegt mit der J-20A eine neue Variante des einsitzigen Tarnkappenjägers, den man vom Vorgänger hauptsächlich durch einen überarbeiteten Vorderrumpf samt eines erhöhten, aber aerodynamisch günstiger geformten Cockpits sowie leicht modifizierten Lufteinlässen unterscheiden kann. Zu den aerodynamischen Verfeinerungen kommen offenbar Triebwerke des Typs WS-15 sowie Verringerungen an der Radarsignatur, Strukturverbesserungen und Avionik-Upgrades hinzu. Die J-20A könnte sich vorerst zur Hauptserienversion entwickeln, während eine weitere, diesmal zweisitzige Variante fürs Erste allenfalls eine Ergänzung darstellt.

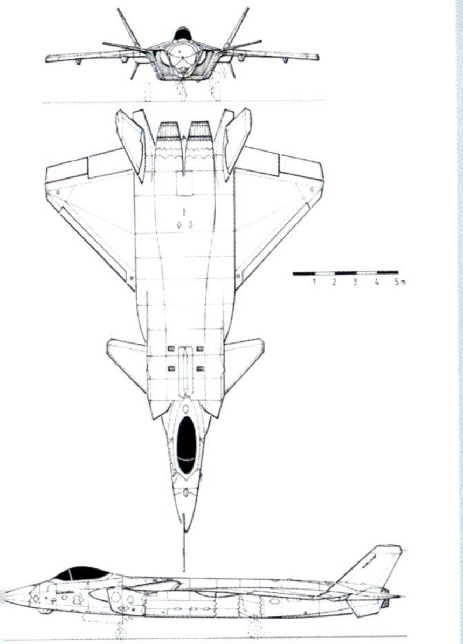

Dreiseitenriss J-20 Weilong. Zeichnung: Manfred Meyer

Für Tarneigenschaften sind Waffen vor allem intern untergebracht – im großen Rumpfschacht Luftkampfraketen PL-15 für den Langstreckenbereich, in den seitlichen PL-10 für die Kurzstrecke.
Foto: China Military

## TECHNISCHE DATEN J-20A WEILONG

| | |
|---|---|
| Verwendung | Abfangjäger |
| Besatzung | 1 |
| Triebwerk | zwei Saturn AL-31FN mit je 132,3 kN, später zwei Liming WS-10C mit je 145 oder zwei Xian WS-15 mit je 180 kN mit Nachbrenner |
| Spannweite | 13,50 m |
| Länge | 20,40 m |
| Höhe | 4,45 m |
| Flügelfläche | 78,00 m² |
| Leermasse | 19.400 kg |
| Startmasse max. | 36.300 kg |
| Höchstgeschwindigkeit | 2.100 km/h |
| Steiggeschwindigkeit | 300 m/s |
| Dienstgipfelhöhe | 18.000 m |
| Reichweite | 2.000 km |
| Bewaffnung | gelenkte Luft-Luft-Raketen in drei Waffenschächten sowie vier Aufhängepunkten |

Die zweisitzige J-20S flog bereits am 5. November 2021 zum ersten Mal und fällt natürlich sofort durch die Tandemkabine auf. Sie begann den Dienst bei den chinesischen Luftstreitkräften offiziell im Herbst 2025, doch ranken sich zahlreiche Spekulationen um den tatsächlichen Einsatzzweck dieses Typs. Offenbar scheint es sich nicht um eine reine Trainerversion zu handeln, sondern er stellt vielmehr, auch in den Aussagen des Chefkonstrukteurs Yang Wei, den Ausgangspunkt für weiterentwickelte Baureihen dar. Vermutet werden bspw. Ausführungen zur elektronischen Kriegsführung, der Einsatz als Aufklärungs- und Kampfflugzeug mit erweiterten Fähigkeiten zur Bekämpfung von Bodenzielen oder auch als Führungs- und Leitflugzeug für unbemannte Fluggeräte, den sogenannten »Loyal Wingmen«. Eine zweiköpfige Crew ist bei den genannten Aufgaben zweifellos vorteilhaft und entlastet einen einzelnen Piloten bei den hohen Anforderungen, etwa bei der Verarbeitung von Daten oder bei der Koordinierung der Einsatzmissionen. Die zweisitzige J-20S könnte damit zur bislang potentesten Version werden, wobei die Möglichkeiten für Weiterentwicklungen und Verbesserungen noch nicht völlig ausgeschöpft sein dürften.

Die jüngere Version J-20A ist am veränderten Bug samt Cockpit zu erkennen, außerdem ist diese Maschine mit leistungsstarken WS-15-Triebwerken aus einheimischer Produktion ausgerüstet. Foto: MPD

Von der zweisitzigen J-20S – hier ein frisch ausgeliefertes Exemplar – gibt es bisher eine überschaubare Anzahl an Einsatzflugzeugen. Sie könnte Ausgangspunkt für weiterentwickelte Baureihen mit unterschiedlichen Einsatzzwecken sein. Foto: MPD

Mit der J-20 hat China nicht nur sein erstes Kampfflugzeug der 5. Generation gebaut und in Dienst gestellt, sondern technologisch an die Fähigkeiten des US-amerikanischen Militärflugzeugbaus aufgeschlossen. Zugleich hat man Russland praktisch überrundet, da die vergleichbare, im Januar 2010 erstmals geflogene Su-57 erst 2019 in Serienproduktion ging und in Dienst gestellt wurde. Inzwischen produziert die chinesische Luftfahrtindustrie unterschiedliche Typen an AEW-Flugzeugen, die bei der Einsatzkoordinierung von J-20 hilfreich sein dürften, hinzu kommen eigenentwickelte Maschinen zur Betankung in der Luft. Die wiederum können die bereits große Reichweite der J-20 noch weiter ausdehnen und sie zu Langstreckeneinsätzen befähigen. ■

# B-52 »Stratofortress«

## Die »BUFF« ist nicht nur das älteste, sondern auch das bemerkenswerteste Kampfflugzeug aller Zeiten

Peter Straub

B-52 H der U.S. Air Force.
Ein beeindruckendes Flugzeug, fast 1.000 km/h schnell und bis zu 220 Tonnen schwer.
Foto: USAF

**Nach dem Ende des Zweiten Weltkriegs gab es keine Ruhephasen in den Streitkräften der Großmächte. Zwischen der Sowjetunion und den USA entwickelte sich bald der Kalte Krieg. Im Westen führte dies zum Zusammenschluss von zwölf Staaten zur NATO, im Osten entstand der Warschauer Pakt mit acht Staaten unter Führung der Sowjetunion.**

Durch die Entwicklung der Atomwaffen entwickelte sich die Bomberwelt stark. Aus dem Zweiten Weltkrieg ging die USA mit dem Langstreckenbomber B-29 hinaus, der die beiden Atombomben auf Japan abwarf. Mit der Convair B-36 »Peacemaker« hatte man noch während des Krieges eine Monstermaschine mit 70 m Spannweite, sechs Stern-Propellermotoren und vier Strahltriebwerken entwickelt – 384 Maschinen davon wurden gebaut. Wenig später folgte die B-47 »Stratojet«. Erstflug war 1947, die Einführung begann 1951. Mit sechs Strahltriebwerken war er der erste reinrassige Langstrecken-Düsenbomber. Über 2.000 Maschinen wurden gebaut und bildeten die Hauptkräfte des »Strategic Air Command« (SAC).

Jeder der beiden Typen hatte jedoch gravierende Nachteile. Die B-36 war ein Riesenflugzeug mit guter Nutzlast und guter Reichweite, sie war aber für die damaligen Anforderungen zu langsam, konnte nicht hoch genug fliegen und hatte gewaltige technische Probleme. Die B-47 war ein Strahlflugzeug mit guten Geschwindigkeitswerten, hatte aber keine befriedigende Reichweite und für die Anforderungen an einen zukünftigen Atombomber auch zu wenig Nutzlast.

## Ein neues Muster für die Wasserstoffbombe

Mit der aufkommenden Wasserstoffbombe kam eine Nuklearwaffe ins Spiel, die deutlich mehr Sprengkraft als die Atombomben hatte und auch deutlich voluminöser und schwerer als diese war. Das führte zum Entwicklungsauftrag für die B-52. Die Geburtsstunde liegt im Oktober 1948. Damals legte sich die neu gegründete »U.S. Air Force« (davor gehörten die Flugzeuge zur »USAAF«, U.S. Army Air Forces) auf das Grundkonzept mit Boeing fest. Grundanforderungen waren: acht Strahltriebwerke, 15.000 m Gipfelhöhe und ca. 25 Tonnen Nutzlast für mehrere Meter lange Wasserstoffbomben, die jeweils mehrere Tonnen wogen. Die Geschwindigkeit sollte dauerhaft bei über 900 km/h liegen. Reichweite über 8.000 km und dazu Luftbetankungsfähigkeit.

Im zentra
Waffenschacht könn
unterschiedliche, a
große Waffen un
gebracht werd
Foto: Boyd Belc

Der Entwurf führte zu einem Flugzeug mit 56,4 m Spannweite, 220 Tonnen Abfluggewicht, 35 Grad Flügelpfeilung und insgesamt sechs Mann Besatzung. Das Flugzeug war revolutionär. Ein solches Muster war in jeder Hinsicht ein Novum. Boeing entwickelte rasant, und bereits am 15. April 1952 kam es zum Erstflug der YB-52. Im Laufe der Erprobung wurden noch einige Dinge verändert, der gepfeilte dünne Flügel bewährte sich von Anfang an, er nahm Schwingungen im Flug auf und dämpfte sie. An den Tragflächenenden wurden kleine Stützräder installiert, die den Flügel am Boden stützen und beim Start als Erstes einfahren. Im Rumpf und in den Flügeln ist Platz für 181.000 Liter Kerosin.

Die Air Force bestellte insgesamt 744 Maschinen bei Boeing. Das Besatzungskonzept wurde im Laufe der Entwicklung und des Einsatzes mehrfach geändert. Die ersten Varianten hatten noch einen Heckschützen. Es war wahrscheinlich die einsamste Position in der gesamten Air Force. Der Schütze war zwar über einen Kriechtunnel an das untere Cockpit angebunden, blieb aber normalerweise während des Fluges in seinem eigenen druckbelüfteten Heckstand. Ab den Versionen »G« und »H« (Anfang der 1960er-Jahre) wanderte der Bordschütze mit ins untere Cockpit und bediente die Heckbewaffnung ferngesteuert, ab 1991 wurde die Heckbewaffnung bei allen Typen abgeschafft, und es wurde ohne Bordschützen mit fünf Mann Besatzung geflogen. Im Cockpit sitzen Pilot und Copilot nebeneinander auf Schleudersitzen. Die drei Radaroperatoren und Navigatoren im unteren Deck sitzen ebenfalls auf Schleudersitzen, aber entgegen der Flugrichtung und ohne Fenster nach draußen. Im Notfall werden diese Sitze nach unten ausgeschossen. Der Bombenschacht wurde von Anbeginn an die Dimensionen der großen Wasserstoffbomben angepasst, die Anfang der 50er-Jahre konzipiert wurden. Der riesige Schacht ist ein wesentliches Merkmal dafür, dass die B-52-Bomber noch heute im Einsatz sind.

Der einsamste Arbeitsplatz der Air Force. Bei den ersten Versionen saß der Heckschütze ganz allein über der hinteren Waffenstation. Foto: USAF

## Erste Auslieferungen

Im Jahr 1954 wurden die ersten Maschinen an die Air Force ausgeliefert, und 1955 wurde mit dem »93. Bombardment Wing« auf der Castle Air Force Base in Kalifornien der erste B-52-Verband aufgestellt. Die Aufgabe war, als Atombomber die nukleare Abschreckung aufrechtzuerhalten und im Falle eines nuklearen Angriffs der Sowjetunion den Zweitschlag auszuführen. Die gegenseitige atomare Bedrohung spitzte sich in den frühen 60er-Jahren dramatisch zu. In diese Zeit fielen die »Berlin-Krise«, der Bau der Berliner Mauer und die »Kubakrise«. Auch die Operation »Chrome Day« wurde gestartet. Sie bedeutete, dass mindestens

acht bis zwölf B-52-Flugzeuge, mit Atomwaffen bewaffnet, rund um die Uhr über dem Nordpol, über Grönland, dem Nordatlantik oder dem Mittelmeer angriffsbereit in der Luft waren.
Bei Zuspitzung der Lage, wie etwa während der »Kubakrise«, wurde diese Zahl auf zeitweise bis zu 30 Maschinen erhöht. In diese Zeit fiel auch die Auslieferung der letzten der bestellten B-52-Bomber. Es waren in der Zeit von 1960 bis 1962 insgesamt 102 Maschinen der Variante »B-52 H«; 76 dieser Maschinen sind bis heute noch im Bestand und werden in den nächsten Jahren zu »J«-Varianten umgebaut. Wobei: Es sind nur noch 75 Maschinen. Im Juni 2026 stürzte eine Erprobungsmaschine kurz nach dem Start auf der Edwards Air Force Base ab. Acht Soldaten und Testingenieure fanden dabei den Tod. Die Maschine war ausgerüstet mit dem neuesten Radargerät, das in die »J«-Maschinen eingerüstet werden soll.

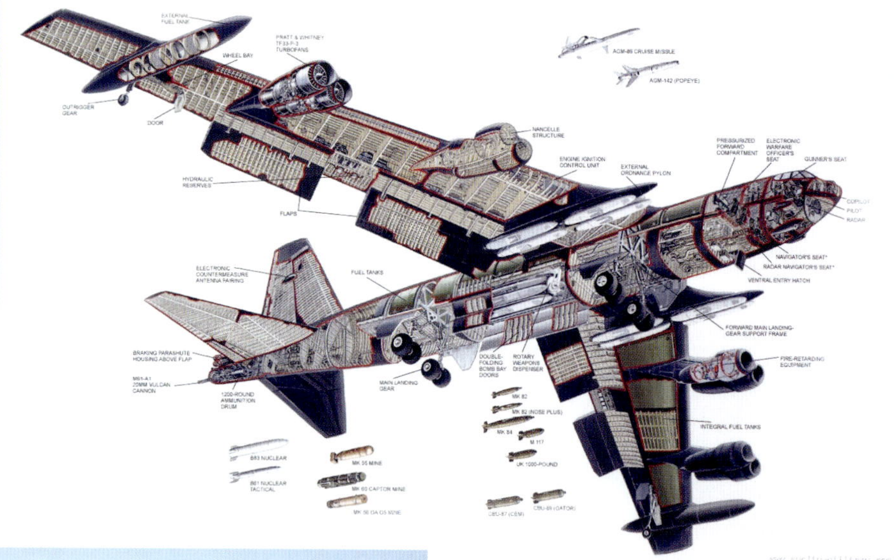


Entwickelt Ende der 1940er-Jahre. Damals das komplexeste Flugzeug überhaupt. Grafik: Aviation Goreus

Es gibt kein anderes Flugzeug, das an äußeren und inneren Waffenstationen einen so großen Waffenmix ins Ziel bringen kann. Foto: USAF

Eine B-52 bei Wartungsarbeiten auf der Anderson Air Force Base in Guam vor einer Bomber Task Force Mission am 11. April 2023. Foto: U.S. Air Force

Neben einer Reihe anderer Modernisierungen wie Cockpitarchitektur, neue Waffengenerationen und Avionik werden vor allem neue Triebwerke installiert. Die neuen Rolls-Royce F-130-Antriebe ersetzen die alten Pratt & Whitney TF 33. Der Verbrauch soll um gut 30 Prozent geringer sein, was eine Reichweitensteigerung auf weit über 17.000 km ohne Luftbetankung ermöglicht. Außerdem ist die Wartung dieses auch in der zivilen Welt verwendeten Triebwerks deutlich einfacher und kostengünstiger als bei den Vorgängern.

## Flexibilität in allen Konflikten und Anforderungen

Die Einsatzlagen änderten sich im Laufe der Jahrzehnte ständig. Wie vorab schon beschrieben war der erste Einsatzzeitraum durch die atomare Abschreckung definiert. Die B-52s operierte in großen Höhen mit Wasserstoff- und Atombomben im Bauch fernab der heimatlichen Basen. Ein weiteres Einsatzspektrum kam mit dem Vietnamkrieg. Dabei wurden B-52 eingesetzt, um über Nordvietnam aus großer Höhe konventionelle Spreng- und Brandbomben abzuwerfen.

Ab 1973 änderte sich die Einsatzdoktrin. Die Fähigkeiten des Warschauer Paktes zur Abwehr hochfliegender Bomber verbesserte sich immer mehr. Die USA rüsteten die Bomber mit Marschflugkörpern und atomaren Abstandswaffen aus. Die Flugzeuge sollten nicht mehr direkt über ein Ziel in großer Höhe fliegen, sondern sich im Tiefflug ihren Zielen annähern und die Waffen aus sicherer Entfernung zum Einsatz bringen. Auch für diese Einsatzphilosophie konnte die B-52 eingesetzt werden. Im Golfkrieg 1991 waren es B-52-Bomber, die aus unterschiedlichen Höhen Marschflugkörper und Präzisionsbomben auf strategisch wichtige Ziele abwarfen. Danach folgten weitere Einsätze im Dritten Irakkrieg, bei den Balkankriegen und auch im Afghanistankrieg. Dort konnten sie als »Loitering Bomber« stundenlang zur Unterstützung eigener Bodentruppen in der Luft bleiben, um diese dann nach Anforderung mit Präzisionsbomben zu unterstützen.

Durch Luftbetankung erreicht die B-52 interkontinentale Reichweite. Langstreckeneinsätze dauern bis zu 24 Stunden. Ein Rekordflug dauerte 47 Stunden. An Bord gibt es eine Chemietoilette und ein Urinal.
Foto: U.S. Air Force

100
ARW

Im unteren Deck sitzen drei Waffen-, Elektronik- und Navigationsoffiziere mit dem Rücken zur Flugrichtung. Im Notfall werden die Schleudersitze nach unten ausgeschossen.
Foto: Ben Gonsier

B-52-H-Cockpit. Es gibt bereits einen Zentralbildschirm für Pilot und Copilot, ansonsten ist es noch ein großer »Uhrenladen«.
Foto: Greg Davis

Auch 2026 kamen bereits B-52-Bomber zum Einsatz. Nachdem die Stealth-Bomber B-2 und F-35 unentdeckt in den iranischen Luftraum eindringen konnten und die Flugabwehr ausschalteten, flogen die B-52-Bomber große Mengen Abstandswaffen und Präzisionsmunition ins Zielgebiet. Die Maschinen konnten über die Jahre hinweg immer wieder modernisiert und den geänderten Gefechtsbedingungen angepasst werden. Dabei blieben der Rumpf und die Triebwerke nahezu unverändert.

Die Kombination der Hauptattribute Nutzlast, Waffenschachtgröße, Reichweite und Kosteneffizienz im Betrieb wird von keinem anderen Flugzeug übertroffen. Die Modernisierungen spielten sich immer im Waffenschacht und damit auch auf der Avionikebene im »Lower Cockpit« bei den Waffenoffizieren ab. Das Cockpit wurde ebenfalls überarbeitet und auf Bildschirme umgerüstet. Am Rumpfbug sind über die Jahre deutliche Veränderungen zu erkennen. Hier wurden die Radare verbessert, optische und Infrarotsensoren nachgerüstet, Kameras angebracht und Kommunikations- sowie Datenlink-Antennen ergänzt.

## Robuster Rumpf sorgt für Langlebigkeit

Ein weiterer Grund für die lange Einsatzzeit der Maschinen ist die robuste Bauweise von Rumpf und Flügel. In den 50er-Jahren wurde noch nicht jedes Bauteil hin zum Optimum und Minimum ausgelegt. Man wählte bewusst »aus dem Bauch« die sichere Seite, wenn man sich nicht ganz sicher war. Das Flugzeug wurde auf Langstrecken- und Dauerbetrieb ausgelegt, die Spanten und Rumpfverbindungen sind großzügig dimensioniert, die Druckkabine ist relativ klein und damit stabil, und auch das Fahrwerk hat lebensdauerverlängernde Besonderheiten. Das Hauptfahrwerk ist komplett im Rumpf verbaut. Die Flügel müssen keine Fahrwerkkräfte bei Start und Landung aufnehmen, das schont die Struktur. Die Flügel selbst sind sehr elastisch ausgelegt, auch dadurch werden Rumpf, Flügelwurzel und -verbindungen dauerhaft geschont.

Eine weitere Besonderheit am Fahrwerk ist die Fähigkeit zur »crab landing« (Krebslandung). Bei Seitenwind kann der Pilot das komplette Hauptfahrwerk (vier zweirädrige Fahrwerke) um bis zu 20 Grad in beide Richtungen schwenken. Das Flugzeug wird dann beim Anflug mit dem Seitenleitwerk »in den Wind gestellt«, das Fahrwerk behält die Ausrichtung der Landebahn. So etwas gibt es bei keinem anderen Flugzeug, es ermöglicht sanfte Landungen bei starkem Seitenwind.

Bei der „crab landing« ist das Fahrwerk bis zu 20 Grad schräg zur Rumpfausrichtung angestellt. Foto: Military Aviation Review

Auch die Tragflächen der »Stratofortress« sind in vielerlei Hinsicht speziell ausgelegt. Die B-52 besitzt keine Vorflügel. Das vereinfacht die Flügelkonstruktion und spart Gewicht. Gründe hierfür waren, dass auf langen Bahnen gestartet und gelandet wird und den Langsamflugeigenschaften keine große Bedeutung zugeschrieben wurde. Auch die Flügelhinterkanten sind speziell ausgelegt. Anfangs gab es noch äußere Querruder bis zur Flügelspitze, das fördert jedoch das Torsionsmoment des gesamten Flügels und führt im Extremfall zur »Aileron Reversal«, der Umkehr des eigentlich gewollten Rollmoments. Ab den Versionen »G« und »H« wurden die äußeren Querruder stillgelegt, und man leitete die Rollbewegung hauptsächlich über an der Oberfläche ausfahrbare Spoiler ein. Die inneren Querruder sind vor allem im Landeanflug wirksam. An der Hinterkante der Tragflächen befinden sich große »Fowler-Landeklappen«, die ein Aufsetzen bei ca. 150 Knoten (ca. 270 km/h) ermöglichen.

GHOST RIDER
1007

Ungemütliches Wetter vor dem Abflug einer B-52 von der Minot Air Force Base, North Dakota, am 8. August 2017.
Foto: U.S. Air Force

## Infrastruktur

Zur »Hoch-Zeit« des Einsatzes der gebauten 744 Maschinen 1963 gab es 42 B-52-Staffeln auf 38 Air Force Bases. Diese Flugplätze hatten ganz spezielle Anforderungen. Die Startbahnen waren mindestens 3.000 m lang, viele von ihnen bis zu 4.000 m. Breite 60 m, hochfester Beton, große, breite Rollwege mit weiten Kurvenradien, riesige Wartungshallen und ebenso große Vorfelder, wo die Maschinen in einer »Christmas Tree Alert«-Aufstellung auf den Einsatz warten konnten. In der Hochphase des Kalten Krieges konnten so zwölf bis 15 Maschinen gleichzeitig angelassen werden und innerhalb von 15 Minuten nach Alarmierung in der Luft sein. Die Besatzungen wohnten regelrecht während der Dienstzeit in unmittelbarer Nähe in »Mole Holes«.

Weitere Anforderungen an den Flugplatz waren riesige Tanklager mit Pumpstationen, Bunker zur Aufbewahrung der Atombewaffnung und einer ebenso großen Flugplatz-Infrastruktur und Anzahl an Sicherungskräften. Insgesamt kann man sagen, dass in dieser Zeit der Aufwand zur atomaren Abschreckung gigantisch war. Man muss bedenken, dass diese Bomber nur ein Teil der »Triade« waren. Bei der Navy gab es noch die Atom-U-Boote mit nuklearer Bewaffnung, und über die USA verteilt gab es zahlreiche unterirdische Abschussbasen für die ballistischen »Minuteman«-Interkontinentalraketen. Heute sind die verbliebenen 75 Maschinen auf zwei Standorte verteilt. Die Barksdale Air Force Base

Die meisten der 744 gebauten B-52 sind schon verschrottet. 75 Maschinen werden derzeit modernisiert und noch lange im Einsatz gehalten. Dutzende ausgemusterte Maschinen stehen auf Flugzeug-Friedhöfen und dienen als Ersatzteilspender. Foto: USAF

beherbergt das »2nd Bomb Wing«, die Minot Air Base das »5th Bomb Wing«. Alle Besatzungen werden in Barksdale ausgebildet, wo es neben den zwei Einsatzstaffeln noch zusätzlich eine Ausbildungsstaffel gibt. Stationierungen außerhalb der Heimatbasen gibt es häufig. Hier kann man folgende Basen nennen, die auch heute noch von B-52-Besatzungen angeflogen werden: Fairford (GB), Lajes (Azoren), Morón (Südspanien), Al Udeid (Naher Osten), der Pazifik-Stützpunkt Anderson Air Base auf Guam sowie Diego Garcia im Indischen Ozean. All diese Stützpunkte sind mit entsprechender Infrastruktur ausgestattet, um B-52-Bomber eine Operationsbasis zu bieten.

## Ausblick

Das laufende B-52-Modernisierungsprogramm zur Version »J« ist eines der größten aktuellen Air-Force-Programme. Es soll bis 2035 abgeschlossen sein. Dann werden alle 75 noch eingesetzten Flugzeuge (B-52 H) mit den Rolls-Royce-Triebwerken ausgestattet sein, ein topaktuelles Luft- und Luft-Boden-Radar besitzen, eine voll digitale Cockpitarchitektur an allen fünf Besatzungsplätzen sowie eine komplett überarbeitete Bordelektronik und -Hydraulik haben. Auch der Waffenschacht wird modernisiert und für neue konventionelle und nukleare Marschflugkörper ausgelegt.
Derart modernisiert starten die Maschinen wahrscheinlich in die letzte Phase ihrer Einsatzzeit, die dann nahe an die 100 Jahre herankommen kann. Erstflug war 1952, die aktuellen Maschinen sind Baujahr 1960 bis 1962, das könnte klappen. Von der Flugzeugstruktur geben es die Maschinen her. Genaue Untersuchungen an den vorhandenen Maschinen haben Strukturreserven bis 2060 gezeigt. Betrachtet man die anderen Bomber der U.S. Air Force, hat die B-52 viele überlebt (B-47 »Stratojet«, B-58 »Hustler«), wird einige noch überleben (B-1B »Lancer« und B-2 »Spirit«) und noch viele Jahre zusammen mit den geplanten B-21 »Raider« im Einsatz sein. Die Modernisierung ist der U.S. Air Force ca. zwölf Milliarden Dollar wert, das sind grob 150 Millionen pro Maschine.

Zum Abschluss noch die Anekdote zum Spitznamen der B-52. In Fliegerkreisen wird sie »BUFF« genannt. Das steht für »Big Ugly Fat Fellow« (»Großer, hässlicher, dicker Kumpel«) und ist eigentlich liebenswert und nicht abwertend gemeint. Angelehnt ist es an das nicht sehr elegante Erscheinungsbild mit großen Tragflächen und acht Triebwerken. Das Flugbild ist alles andere als elegant und sportlich, aber die Maschine ist für ihre Besatzungen ein zuverlässiges Flugzeug ohne große Zicken, eben ein echter Kumpel. Es gibt auch eine etwas derbere Variante. Da spricht man vom »Big Ugly Fat Fucker«. Die Variante vom »hässlichen dicken Kumpel« hat sich aber durchgesetzt und steht umfänglich im Sprachgebrauch, mehr als der eigentliche Beiname »Stratofortress« für die B-52. ■

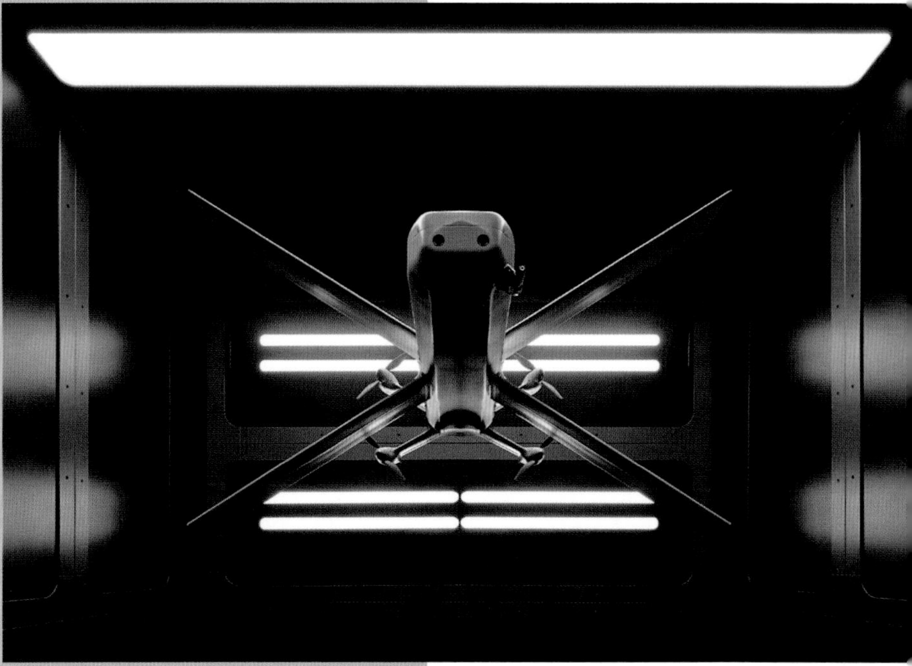

# Loitering Munition

## 9.000 Kamikaze-Drohnen für die Panzerbrigade 45 Litauen

Dr. Hans Krech

HX-2 von Helsing.
Quelle: helsing.ai/de/media-assets

**Kamikaze-Drohnen sind Loitering Munition Systems (LM), die über einem Operationsgebiet patrouillieren, selbstständig Ziele suchen, identifizieren und dann nach der Freigabe durch den Drohnenpiloten bekämpfen. Sie navigieren KI-gestützt unabhängig von GPS/Galileo/Starlink, können nicht gejammt werden und sind schwarmfähige Drohnen der zweiten Generation.**

Am 26. Februar 2026 hat das BAAINBw, das Beschaffungsamt der Bundeswehr in Koblenz, erstmals Kamikaze-Drohnen für die Bundeswehr geordert: 4.300 HX-2 für 270 Millionen Euro von Helsing Germany und 2.200 Virtus von SKD SE (Stark) für ebenfalls 270 Millionen Euro. Am 22. April 2026 bestellte das BAAINBw 2.500 Kamikaze-Drohnen FV014 für 300 Millionen

Euro bei Rheinmetall. Diese ersten LM sollen die deutsche Panzerbrigade 45 Litauen ab 2027 unterstützen und auch Teil des von der NATO geplanten Drohnenwalls an den Ostgrenzen des Bündnisses werden.

## Wer steht, der stirbt: die taktische Zeitenwende für die Bundeswehr und die NATO

»The battlespace is now ›naked‹, day and night.«,[1] beschreibt Colonel (ret., US Army) John Antal das Gefechtsfeld der Gegenwart. »7 Seconds To Die« hat er sein lehrreiches Buch über die Auswertung des Drohnenkriegs im zweiten Nagorny-Karabach-Krieg 2020 genannt. Genau sieben Sekunden benötigt eine Loitering Munition (LM), die auch als Kamikaze-Drohne bezeichnet wird, um ein Ziel zu suchen, zu identifizieren und zu vernichten. Ganze sieben Sekunden.[2]

Rund um die Uhr und bei jedem Wetter wird jeder Quadratmeter des Gefechtsfeldes von Drohnen des Gegners überwacht. Damit sind überraschende taktische Operationen von Panzergrenadier-Bataillonen oder gar Panzerbrigaden weitgehend ausgeschlossen. Darauf muss sich auch die Bundeswehr einstellen. Dies ist eine taktische Zeitenwende für die Streitkräfte und die NATO. Sie lässt sich auch in der Grundregel der Offizierschule des Heeres in Dresden zusammenfassen: Wer steht, der stirbt.

- 80 Prozent aller tödlichen Verluste im Ukraine-Krieg werden von Drohnen verursacht.
- Zehn gut ausgebildete Drohnenpiloten sind in der Lage, ein ganzes gegnerisches Bataillon mit 1.000 Soldaten und 10 Gefechtsfahrzeugen wirkungsvoll aufzuhalten.
- Bisher hat Russland die Ukraine mit 28.743 Shahed-Drohnen (iranischer Bautyp, Stand: Ende Juni 2025) angegriffen. Die wöchentliche Drohnenproduktion Russlands beträgt 70 Drohnen, dadurch kann Moskau seit 2026 pro Nacht 500 Drohnen gegen die Ukraine einsetzen.
- Der Bedarf der Streitkräfte der Ukraine beträgt 10.000 Drohnen pro Tag. 2025 kaufte Kiew 4,5 Millionen Drohnen.
- Am 23. März 2026 bestellte die Nationalgarde der Ukraine 15.000 Abfangdrohnen bei dem Hersteller Quantum Systems aus Bayern. Die Jagddrohne STRILA (Pfeil) wurde gemeinsam mit den ukrainischen Streitkräften entwickelt.[3] Bis Anfang April 2026 konnte die ukrainische Luftabwehr mehr als 33.000 russische Drohnen mit Jagddrohnen zerstören.[4]

---

1 Antal, John: Next War: Reimagining How We Fight, Philadelphia/Oxford 2023, S. 18.

2 Vgl. Antal, John: 7 Seconds To Die. A Military Analysis of the Second Nagorno-Karabakh War and the Future of Warfighting, Pennsylvania/Yorkshire 2022.

3 Vgl. Quantum Systems stärkt ukrainische Luftverteidigung mit 15.000 Abfangdrohnen und Investment in WIY Drones, Quantum Systems Pressemitteilung, 23.3.2026.

4 Vgl. Geiger, Waldemar: Drohnenabwehr – Ukraine meldet über 33.000 Drohnenabschüsse mit Abfangdrohnen, in: https://www.hartpunkt.de/drohnenabwehr-ukraine-meldet-ueber-33-000-drohnenabschuesse-mit-abfangdrohnen/ (9.4.2026, gesehen 13.4.2026).

- Der Innovationszyklus im Krieg zwischen Drohnenwaffe und Drohnenabwehr (C-UAV) beträgt nur 30 bis 35 Tage. Drohnen umgehen das GPS-Jamming durch den Einsatz von Lichtwellenleitern, die Reichweiten von mehr als 25 km ermöglichen. Über die Straßen im Frontgebiet werden alte Fischernetze gespannt, die in der EU für die Ukraine gesammelt werden, um Drohnenangriffe zu verhindern.
- Russland hat die Taktik der Schläferdrohnen entwickelt, die wochenlang in Zivilgebäuden versteckt inaktiv lauern, um dann überraschend anzugreifen.
- Brennstoffzellen werden möglicherweise der Antrieb für Drohnen werden.
- Allein im März 2026 setzte die Ukraine mehr als 9.000 unbemannte bodengebundene Systeme (UGV) ein, Drohnen auf dem Boden.
- Die Schwarmfähigkeit setzt sich zunehmend durch, sie haben die Ingenieure bei den Schwärmen der Stare im Herbst erlernt. Jeder Star beobachtet um sich herum sieben andere Stare und ändert innerhalb von drei Sekunden die Richtung, sofern dies einer der Stare in seinem Umfeld macht. So operieren heute Drohnenschwärme, wobei ein Drohnenpilot nicht mehr die einzelne Drohne steuert, sondern den Schwarm, der aus bis zu 1.000 Drohnen bestehen kann.[5]
- Lernen wir jetzt bei unseren Tauben auch das Navigieren ohne GPS/Galileo/Starlink? Die Tauben haben navigatorische Superkräfte, sie orientieren sich am Magnetfeld der Erde.[6]
- Oberst dG Dr. Markus Reisner vom Österreichischen Bundesheer hat den Begriff »Die Kalaschnikows der Lüfte«[7] für den Aufstieg der Drohnenwaffe geprägt.

## Die Kamikaze-Drohne Helsing HX-2 sammelt Kampferfahrungen im Ukraine-Krieg

Propaganda und Wunschvorstellungen über die Leistungsfähigkeit einer Kampfdrohne offenbaren sich schnell an der Front in der Ukraine. Im Gegenteil gilt aber auch, dass ein Waffensystem, das diesen Härtetest bestanden hat, von der Bundeswehr auch ohne lange Prüfung beschafft werden kann.

Kamikaze-Drohnen, die Loitering Munitions (LM), sind das Tafelsilber von Streitkräften im Informationszeitalter. Helsing ist mit seiner HX-2 dabei. Mit 12 Mrd. Euro bewertet, ist Helsing das am höchsten eingeschätzte Start-up im Bereich der deutschen Verteidigungsindustrie.

---

5 Vgl. Krech, Hans: Zur Geschichte und den aktuellen Entwicklungstrends von Kampfdrohnen UCAV – Serie: Kriegführung im Informationszeitalter: Loyal Wingmen sind als »foot soldiers« die digitalen Panzergrenadiere einer digitalen Kampfbrigade, in: Österreichische Militärische Zeitschrift ÖMZ, 4/2023, S. 486.

6 Vgl. Tierisch urban: Anwohner/Pendler, in: arte, 11.3.2025, 17:50 Uhr – 19:20 Uhr.

7 Reisner, Markus: Die Kalaschnikows der Lüfte – Drohnenkriegsführung im Ukraine-Krieg, in: Sirius, 8/2024, S. 67.

Die Kamikaze-Drohne HX-2 wird über die Software Altra gesteuert, die eine KI-gestützte Zielsuche, Zielidentifizierung und dann auch Bekämpfung nach der Freigabe durch den Drohnenpiloten erlaubt. Quelle: helsing.ai/de/media-assets

Die Kamikaze-Drohne HF-1 wurde durch ukrainische Streitkräfte eingesetzt und hatte mehrere Mängel. Manche Drohnen starteten nicht, die Startkatapulte waren noch zu sperrig, die Montierzeit der Drohne war zu lang. Ein Helsing-Werksteam untersuchte die Ursachen für die Fehler vor Ort, und diese Erfahrungen flossen in die Produktion der HX-2 ein. Die Ukraine bestellte im Februar 2025 6.000 HX-2, von denen im Dezember 2025 bereits 750 geliefert worden waren.

Die HX-2 ist die erste deutsche Kampfdrohne seit 1918. Es ist eine Drohne der zweiten Generation, d. h., sie ist KI-gestützt schwarmfähig. Sie wird nicht über GPS/Galileo/Starlink gesteuert, sondern sucht selbstständig ein vorher definiertes Operationsgebiet nach Zielen ab, identifiziert sie und wartet auf die Freigabe der Bekämpfung durch den »Drone Warrior«. Dann greift sie im Sturzflug an. Die Kamikaze-Drohne kehrt nicht zum Startpunkt zurück. Es ist eine Einwegwaffe. Die X-Wing-Drohne ist elektrisch angetrieben, wobei die vier Propeller im Heck angeordnet sind. Die Reichweite beträgt bis 100 km. Das Gewicht wird mit nur 12 kg angegeben. Mit 220 km/h ist die Drohne schnell.

Die Wirkung ist abhängig vom Training der Steuerungs-KI Altra. Dazu sollen etwa 3.000 bis 4.000 Testflüge notwendig sein, die teilweise an einem Simulator durchgeführt werden. Etwa 30 HX-2 werden bei »harten« Tests im Werk pro Woche verbraucht.

Die HX-2 ist die erste deutsche Kampfdrohne seit dem Geheimprojekt »Fledermaus« aus dem Jahr 1918.
Fotos: helsing.ai/de/media-assets

Die größte Schwierigkeit ist der Zielanflug in der Endphase der Operation. Dann stürzt sich die Drohne mit hoher Geschwindigkeit auf das Ziel und versucht, es zu treffen. Dabei muss sie selbstständig die Windverhältnisse berechnen, ebenso mögliche Abwehrmaßnahmen (Blenden der Drohne durch Einsatz einer Nebelwurfanlage) und die Ausweichbewegungen des Zieles. Perspektivisch soll die HX-2 so auch lernen, aus einer Datenbank die Schwachstellen der Panzerung des Zieles abzurufen und es genau da zu treffen, wie etwa mit einer Top Attack auf das schwächer gepanzerte Turmdach von Kampfpanzern. In im Internet verbreiteten Videos der HX-2 erfolgt der Angriff immer auf eine Seitenfront der Kampfpanzer, die erheblich stärker gepanzert ist. Da muss die KI von HX-2 noch dazulernen.

Die Drohne kann mit verschiedenen Gefechtsköpfen ausgerüstet werden, wobei hier die Fähigkeit zum Einsatz von Tandem-Hohlladungsgefechtsköpfen entscheidend sein dürfte, die auch die bei russischen Panzern oft genutzte reaktive Zusatzpanzerung durchschlagen können.

Ebenso soll die HX-2 weitgehend immun gegen Elektronische Kriegführung und Jammen sein. Auch hier sind perspektivisch selbstlernende KI-gestützte Abwehrmaßnahmen zu integrieren. Der Einsatz der HX-2 rechnet sich wirtschaftlich durch die Massenproduktion und den Einsatz in Schwärmen. Dazu müssen die Taktiken noch entwickelt werden. Erinnert sei etwa auch an die Vorbildwirkung aus der Natur, etwa eine Keil-Vorwärts-Marschformation, die von Gänseschwärmen übernommen wurde und die 20 Prozent Energie spart.[8]

8 Vgl. Krech, Hans: Zur Geschichte und den aktuellen Entwicklungstrends von Kampfdrohnen UCAV – Serie: Kriegführung im Informationszeitalter: Loyal Wingmen sind als »foot soldiers« die digitalen Panzergrenadiere einer digitalen Kampfbrigade, in: Österreichische Militärische Zeitschrift ÖMZ, 4/2023, S. 486.

Ein strategischer Faktor ist zudem, dass die HX-2 sehr schnell an neue Herausforderungen des Gefechtsfeldes durch neue Gefechtsköpfe und eine Weiterentwicklung der Steuersoftware Altra angepasst werden kann. Innerhalb von 30 Tagen können sich in einem Krieg die Rahmenbedingungen für den Einsatz einer Kamikaze-Drohne grundsätzlich verändern.

Perspektivisch muss die Altra-KI die potenziellen Einsatzgebiete »lernen«, etwa Waldbrände, Orientierung und Kampf im urbanen Gelände mit Bränden, Abwehrfeuer mit Handfeuerwaffen aus Nahdistanz und bei böigen Windverhältnissen, –40 °C und tiefer Schnee, +40 °C und Staubstürme. Die Loitering-Ausdauer der Kamikaze-Drohnen ist zudem noch viel zu gering. Eine Stunde Einsatzzeit genügt nur für eine gezielte Operation in Frontnähe. Eine LM sollte aber in der Lage sein, acht Stunden über einer Kill Box zu patrouillieren. Auch die Einrüstung einer Sirene, die automatisch beim finalen Sturzflug auf das Ziel zugeschaltet wird,[9] hat ihre psychologische Wirkung auf gegnerische Soldaten bereits eindrucksvoll bewiesen.

Bei der HX-2 gibt es verschiedene Startvarianten: 1. Die Integration in ein gepanzertes Gefechtsfahrzeug Boxer, 2. ein Katapult bzw. eine Startschiene am Boden und auch 3. die sich in der Entwicklung befindliche Möglichkeit des Starts durch einen Infanteristen. Die wahrscheinlichste Einsatzvariante ist die Integration in den Boxer in nachladbaren Kassetten.[10] KNDS Deutschland testet bereits seit dem September 2025 einen Drohnen-Boxer (Projektbezeichnung: Boxer UxV CS) mit fünf Arbeitsplätzen für Drohnenpiloten und einer pneumatisch ausfahrbaren Antenne von 4 m bis 6 m Höhe.[11]

---

9 »The shrill scream the Harop generates during its terminal dive is reminiscent of the World War II-era German Stuka-dive-bomber and had an equally demoralizing effect. When Armenian soldiers spotted or heard the Harop, they knew they had seven seconds to take cover before it struck. One Armenian soldier stated: ›There was no place to hide and no way to fight back.‹« In: Antal, John: Seven Seconds To Die. A Military Analysis of the Second Nagorno-Karabakh War and Future Warfighting, Pennsylvania/Yorkshire 2022, S. 48.

10 Vgl. Kalaene, Jens: Ukraine kritisiert deutsche Kamikaze-Drohne: Jetzt reagiert Münchner Rüstungs-Startup, in: https://www.focus.de/politik/deutschland/ukraine-unzufrieden-mit-deutscher-kamikaze-drohne-ruestungs-startup-reagiert_e3f864dc-d905-4d37-a418-9fb58640e574.html (12.1.2026, gesehen 14.1.2026); Geiger, Waldemar: Strike-Drohne HX-2 – aktueller Entwicklungsstand und zukünftige Kampfwertsteigerung, in: hartpunkt. Monitor für Defence und Sicherheitspolitik, https://www.hartpunkt.de/strike-drohne-hx-2-aktueller-entwicklungsstand-und-zukuenftige-kampfwertsteigerung/ (10.11.2025, gesehen 5.5.2026); Krech, Hans: Der zweite Sputnik-Schock. Der »Tech Cold War« und die Rolle von bayerischen Drohnen-Start-ups in der KI-Revolution, in: Kramer, Tim F. (Hrsg.): Fliegerkalender 2026. Internationales Jahrbuch der Luft- und Raumfahrt, Hamburg 2025, S. 158–165; Fischer, Heinrich: Die ukrainische Drohnenmauer: taktische Innovation oder moderne Maginot-Linie?, in: Europäische Sicherheit & Technik, 7/2025, S. 15–17.

11 Vgl. Frank, Dorothee: Neuheit Drohnen-Boxer: Kommandozentrale auf Rädern, in: https://defence-network-com/drohnen-boxer-knds-kommandozentrale-auf-raedern/ (23.2.2026; gesehen 4.3.2026).

## Die Kamikaze-Drohne Virtus von Stark

Eine Kamikaze-Drohne Virtus von Stark im Flug. Quelle: stark-defence.com/de/media

SKD SE (Stark) aus Berlin ist mit seiner Kamikaze-Drohne Virtus ein großer Konkurrent der HX-2 von Helsing aus München. Mitte Februar 2026 wurde das Unternehmen mit einer Milliarde Euro bewertet. Zu den Investoren gehört auch der politisch umstrittene Peter Thiel. Sein Anteil an dem Start-up soll aber unter zehn Prozent liegen.

Die Virtus startet im Gegensatz zur HX-2 senkrecht (VTOL), sie benötigt kein Katapult und keine Startschiene. Sie ist zwei Meter hoch und hat X-förmige Flügel, an deren Enden sich die vier Propeller befinden, die elektrisch angetrieben werden. In den maximal 60 Minuten Flugzeit können 80 km bis 100 km zurückgelegt werden. Marschiert wird in 2.000 m Höhe mit etwa 120 km/h. Beim Sturzflug auf das Ziel werden 250 km/h erreicht.

Gefechtskopf der Kamikaze-Drohne Virtus von Stark.
Quelle: stark-defence.com/de/media

Es können unterschiedliche Gefechtsköpfe mit einem Gewicht von 5 kg mitgeführt werden. Ende Dezember 2025 testete Stark Gefechtsköpfe für die Virtus im scharfen Schuss auf einem Sprengplatz in Bayern, wobei mehr als 800 mm Panzerstahl durchschlagen wurden. Die Zielgenauigkeit der Virtus gibt Stark mit einem Meter an.

Auch die Virtus kann GNSS-frei navigieren, d. h., sie muss nicht durch GPS und einen Drohnenpiloten geführt werden. Sie ist eine Drohne der zweiten Generation, die mit der KI-Software Minarva gesteuert wird. Die Virtus-Drohnen sind schwarmfähig. Im Gegensatz zur HX-2 hat die Virtus noch keinen Kampfeinsatz vorzuweisen. Ihre Eigenschaften sind ähnlich der HX-2 einzuordnen.[12]

12 Vgl. Geiger, Waldemar: Loitering Munition – STARK wird zum Einhorn, in: https://www.hartpunkt.de/loitering-munition-stark-wird-zum-einhorn/ (13.2.2026, gesehen 18.2.2026); Deutsche Drohnenwaffe ist komplett: Gefechtskopf getestet, in: https://www.welt.de/newsticker/dpa_nt/infoline_nt/Politik_Inland/article6948cd326q368aa0126a045f/deutsche-drohnenwaffe-ist-komplett-gefechtskopf-getestet.html (22.12.2025, gesehen 31.12.2025); Krieg, Lutz: Kamikazedrohnen als taktischer Gamechanger: das Comeback der Präzision aus der Luft, in: Wehrtechnik, 4/2025, S. 12.

## Sind 35 Prozent Trefferquote genug für eine Kamikaze-Drohne der Bundeswehr?

Die HX-2 von Helsing wurde im Oktober 2025 umfassend von der Bundeswehr und der Royal Army Großbritanniens getestet. Die britischen Tests fanden in Kenia statt. Carsten Breuer, der Generalinspekteur der Bundeswehr, überzeugte sich bei einer Vorführung im Gefechtsübungszentrum des Heeres auf dem Truppenübungsplatz Altmark von der Trefferquote der HX-2, die bei 90 Prozent lag. Allerdings war das Ziel ein frei stehender alter Kampfpanzer, der sich nicht bewegte, keine Nebel werfen konnte, der nicht getarnt war, der keine elektronischen Abwehrmaßnahmen zu seiner Verteidigung einsetzen konnte.

Ganz andere Ergebnisse erbrachte eine Fronterprobung der HX-2 durch ukrainische Streitkräfte im Donbass, wo 14 eingesetzte HX-2 russische Truppen angriffen und dabei nur fünf Ziele zerstören konnten, zwei Haubitzen und drei Militärfahrzeuge. Dies entspricht einer Trefferquote von 35,7 Prozent. Die ukrainischen Streitkräfte äußerten intern Kritik an der HX-2, bestellten aber weitere 1.100 der Kamikaze-Drohnen.[13]

Die HX-2 ist die modernste Kamikaze-Drohne, die von der Ukraine eingesetzt wird. Es ist eine Drohne der zweiten Generation, die eben nicht mehr durch einen Drohnenpiloten während der gesamten Angriffsoperation gesteuert wird. Dies erfordert ein Umdenken bei den Drohnenpiloten. Die HX-2 sucht sich nach abgespeicherten Geländekarten selbst ihren Weg, sie patrouilliert in einem eingegebenen Gebiet, der Kill Box, völlig selbstständig, sucht es systematisch nach Zielen ab, identifiziert und bekämpft sie. Nur dann muss der Drohnenpilot noch eingreifen. Aber ihre wirkliche Kampfkraft erreichen die HX-2 erst im Schwarm. Eine Einbindung der Kamikaze-Drohnen in eine Combat Cloud ist unumgänglich. Vermutlich wird dann die Trefferquote der HX-2 auch höher liegen.

Mehr als 90 Prozent der in der Ukraine eingesetzten Drohnen werden immer noch der ersten Generation zugerechnet. Sie müssen von einem Drohnenpiloten vom Start bis zum Ziel über Funk oder Lichtwellenleiter ferngelenkt werden. Die Trefferquote liegt durchschnittlich nach russischen Angaben bei 30 Prozent.[14] Die Mehrzahl der Drohnen schafft es zudem nicht bis zum Ziel. Sie werden vorher abgeschossen. Außerdem sind sie zumeist anfällig für elektronische Gegenwirkung und Jammen. Zudem sind die Drohnenpiloten mit ihren Steuereinheiten mittlerweile ein Hochwertziel für die russische Artillerie. Drohnenpiloten leben gefährlicher als Infanteristen.

---

13 Vgl. Lindner, Matthias: Helsing HX-2: Deutsche KI-Drohne greift Russlands militärisches Hinterland an, in: https://www.telepolis.de/article/Helsing-HX-2-Deutsche-KI-Drohne-greift-Russlands-militärisches-Hinterland-an-111969.html (3.3.2026, gesehen 4.3.2026); Geiger, Waldemar: Loitering Munition und die Aussagekraft von Trefferquoten, in: https://www.hartpunkt.de/loitering-munition-und-die-aussagekraft-von-trefferquoten/ (3.2.2026, gesehen 4.2.2026).

14 Vgl. von Schlesinger, Edward: Lektionen neuer Kriegsführung am Beispiel des Ukrainekrieges, Hamburg 2025, S. 15.

## Die Bundeswehr beschafft 9.000 Kamikaze-Drohnen

Am 25. Februar 2026 genehmigte der Haushaltsausschuss des Deutschen Bundestages die Beschaffung von Kamikaze-Drohnen durch die Bundeswehr. Einen Tag später orderte dann das BAAINBw 4.300 LM HX-2 bei Helsing Germany für 270 Millionen Euro und 2.200 LM Virtus bei SKD SE (Stark). Ab 2027 soll als erste deutsche Einheit die Panzerbrigade 45 Litauen mit den Kamikaze-Drohnen ausgerüstet werden.[15]

Bei der Auftragsvergabe wurde vorerst die Kamikaze-Drohne FV014 von Rheinmetall nicht berücksichtigt. Insgesamt will die Bundeswehr jedoch 4,4 Mrd. Euro für Kamikaze-Drohnen bereitstellen.

Bis zum September 2026 sollen die Drohnen HX-2 und Virtus fertig entwickelt und von der Bundeswehr abgenommen worden sein.

Am 22. April 2026 erfolgte dann auch eine Auftragsvergabe an Rheinmetall. Der Auftragswert soll 300 Millionen Euro betragen. Die Anzahl der zu liefernden Kamikaze-Drohnen FV014 wird mit 2.500 angegeben. Sie werden im Rheinmetall-Werk in Neuss produziert und ab der ersten Jahreshälfte 2027 an die Bundeswehr geliefert. Die FV014 erreicht 70 km/h, hat eine maximale Reichweite von 100 km und kann einen Gefechtskopf mit einem Gewicht von 4 kg tragen. Die Drohne wird aus einem Container gestartet, sieht wie ein Kleinflugzeug aus und soll auch Stealth-Eigenschaften haben. Möglicherweise wurden einige Prototypen von ukrainischen Truppen an der Front getestet.[16] Damit stehen drei deutsche Kamikaze-Drohnen im Wettbewerb für die Ausrüstung der Bundeswehr.

## Ein NATO-Drohnenwall an den Ostgrenzen des Bündnisses?

*»We cannot rely on a technological Maginot Line.«*

Colonel (ret., US Army) John Antal: 7 Seconds To Die. A Military Analysis of the Second Nagorno-Karabakh War and the Future of Warfighting, Pennsylvania/Yorkshire 2022, S. 96.

Generalleutnant Christian Freuding, der Inspekteur des Heeres der Bundeswehr, plant, sechs Batterien mit den Kamikaze-Drohnen aufzustellen. Die erste Batterie soll 2027 einsatzbereit sein und wird der Panzerbrigade 45 in Litauen unterstellt. Eine Batterie soll etwa 60 bis 150 Soldaten als Mannschaftsbestand haben. Die restlichen fünf Batterien sollen bis 2029 aufgestellt sein.[17]

---

15 Vgl. Bundeswehr darf Kamikaze-Drohnen kaufen – unter Auflagen. Haushaltsausschuss tritt beim Milliardendeal auf die Kostenbremse. Das steckt dahinter, in: Hamburger Abendblatt, 26.2.2026, S. 2; Heiming, Gerhard: Verträge zur Beschaffung von Loitering Munition Systemen geschlossen, in: https://esut.de/2026/03/meldungen/68704/vertraege-zur-beschaffung-von-loitering-munition-systemen-geschlossen/ (5.3.2026, gesehen 10.3.2026).

16 Vgl. Rheinmetall liefert Bundeswehr Kamikaze-Drohnen, in: https://www.handelsblatt.com/100219091.html (22.4.2026, gesehen 5.5.2026).

17 Vgl. Deutsche Drohnenwaffe ist komplett: Gefechtskopf getestet, in: https://www.welt.de/newsticker/dpa-nt/infoline-nt/Politik-Inland/article6948cd326a368aa0126a045f/deutsche-drohnenwaffe-ist-komplett-gefechtskopf-getestet.html (22.12.2025, gesehen 31.12.2025).

Die Ukraine gab am 3. März 2025 ihr taktisches Konzept zum Drohneneinsatz an der Front bekannt, das als Drohnenmauer bezeichnet wird. Entlang der Front soll auf gegnerischem Gebiet ein Korridor bis in eine Tiefe von 10 km bis 15 km ständig durch eigene Aufklärungsdrohnen überwacht werden. Jede Bewegung feindlicher Truppen kann so sofort entdeckt und Gegenmaßnahmen können eingeleitet werden, etwa das Verminen von Aufmarschwegen durch Drohnen aus der Luft und die Koordination des Abwehrfeuers der Artillerie durch Drohnen. Diese Taktik wird als Reconnaissance Fire Complex bezeichnet.[18]

Die Drohnenmauer der Ukraine kann unter den gegenwärtigen Bedingungen eines Stellungskrieges wirkungsvoll taktische Angriffe russischer Truppen erkennen und sie mit der Drohnenwaffe abwehren oder verzögern. Eine Überbewertung der Taktik Drohnenmauer führt zum Verlust der schnellen Bewegung im Gefecht und erlaubt der gegnerischen Artillerie zudem den dauerhaften Beschuss der ukrainischen Einheiten. Das erhöht die eigenen Verluste beträchtlich. Es droht eine taktische Falle ähnlich der Maginot-Linie im Zweiten Weltkrieg. Die Verteidigung soll immer beweglich organisiert sein, und deshalb können die positiven Erfahrungen der Ukraine mit der Taktik Drohnenmauer für die Bundeswehr und die NATO nur bedingt als eine zeitlich begrenzte taktische Variante übernommen werden.[19]

Eine Drohnenmauer der NATO an den Ostgrenzen des Bündnisses ist nicht notwendig. ■

Die HX-2 ist eine Loitering Munition (LM), die selbstständig ein definiertes Operationsgebiet überwacht. Quelle: helsing.ai/de/media

**VIDEO DER FIRMA HELSING**

https://youtu.be/BZC8XuRqDHQ?si=BaKWtK3dXuCszzlk

Dauer:
1:01 Minute

18 Vgl. Fischer, Heinrich: Die ukrainische Drohnenmauer. Taktische Innovation oder moderne Maginot-Linie?, in: Europäische Sicherheit & Technik, 7/2025, S. 15–17.

19 Vgl. Krech, Hans: Die Maginot-Linie als Ursache für die französische Niederlage 1940, in: Krech, Hans: Verteidigung im 21. Jahrhundert. Analyse bedeutender Verteidigungslinien (1916 –1991) und operativ-taktische Schlußfolgerungen für die zukünftige Verteidigungsplanung. Ein Handbuch, Berlin 2000, S. 32–48.

# Dassault Mirage IV

## Frankreichs Atombomber für die Langstrecke

Heiko Thiesler

In der Mitte dieser Dreierformation trägt eine Mirage IV P im Jahr 1996 einen Sonderanstrich zur Auflösung der Bomberstaffel EB 2/91.
Foto: Eric Bannwarth Collection

**Nach dem Zweiten Weltkrieg strebte Frankreich, so gut es ging, nach technologischer Unabhängigkeit. Mit Gründung der Atomenergiekommission CEA schuf man Voraussetzungen zum späteren Bau einer eigenen Atombombe, zugleich suchte man nach entsprechenden Trägermitteln. Die zweistrahlige Mirage IV sollte die nukleare Langstreckenkomponente abdecken und wurde Ende der 1950er-Jahre entwickelt.**

Frankreich investierte nach 1945 viel in den Wiederaufbau der Luftfahrtindustrie, gleichfalls genoss ein landeseigenes Atomprogramm hohe Priorität. Das herausragendste Ergebnis dieser Bemühungen war am 13. Februar 1960 überdeutlich zu sehen, als unter dem Namen »Gerboise Bleue« die Zündung der ersten eigenen Atombombe

Wie hier gut zu sehen ist, übernahm die zweistrahlige Mirage IV die Grundauslegung der kleineren, mit einem Strahltriebwerk ausgerüsteten Mirage III. Foto: Dassault Aviation

in der Wüste Algeriens stattfand. Um daraus operationelle Waffen zu bauen, vervielfachten sich bald die dafür notwendigen Ausgaben, die wiederum durch mehrere Finanzplanungsgesetze abgesichert wurden. Sie ermöglichten in mehreren Etappen die Entwicklung von Atomwaffen, Bombenflugzeugen, später land- und U-Boot-gestützten ballistischen Raketen, die Aufstellung der entsprechenden Einsatzstreitkräfte sowie die Errichtung atomsicherer, verbunkerter Gefechtsstände.

## Dassault erhält den Zuschlag

Noch vor den Raketen sollte die Langstreckenkomponente der Trägermittel für Atombomben aus Flugzeugen bestehen. Schon im Mai 1956 gab die Regierung unter Guy Mollet Spezifikationen für den zu bauenden Langstreckenbomber heraus, der so schnell wie möglich entwickelt werden sollte. Gefordert waren eine Geschwindigkeit von Mach 1,7 und eine Reichweite von 2.000 km, ohne in der Luft nachzutanken. Die Hälfte der Flugzeit sollte im Überschalltempo absolviert werden. Erst später definierte man eine einzelne Atombombe als Waffenlast. Mit dem Osten, speziell Zentren in der damaligen Sowjetunion, war die Marschrichtung vorgegeben. Sud Aviation versuchte sich mit einer vergrößerten Ausführung der Vautour II, Dassault schlug dagegen eine geometrisch vergrößerte Mirage III mit zwei Strahltriebwerken vor und erhielt im April 1957 den Zuschlag. Eine rege Betriebsamkeit setzte ein, das Arbeitspensum zur Entwicklung des Langstreckenbombers Mirage IV war bei den Konstrukteuren in St. Cloud enorm und erreichte nicht selten 80 Stunden in der Woche. Seit Ende 1956 wurde das Flugzeug klarer definiert, basierend auf einem gleichnamigen Dassault-Projekt eines großen Abfangjägers, und führte im April 1957 zu einer Vertragsunterzeichnung zum Bau des Prototyps mit der Bezeichnung Mirage IV A-01. Testpilot Roland Glavany begann mit diesem am 17. Juni 1959 die Flugerprobung, und schon zum Jahresende war zweifache Schallgeschwindigkeit erreicht.

Im Februar 1960 wurde das Flugzeug der Testeinrichtung CEV übergeben, wo bis April 32 Testflüge unternommen und die Ergebnisse positiv bewertet wurden. Einige problembehaftete Baugruppen hatten zwischenzeitlich Modifizierungen erhalten. Bei weiteren Flügen erzielte man wiederholt Höchstleistungen. Testpilot Bigand etwa schaffte es als Erster, über eine Zeit von 38 Minuten eine Geschwindigkeit von M 1,7 in einer Höhe von 15.300 m zu halten, und erflog am 19. September 1960 mit durchschnittlich 1.822 km/h einen Weltrekord auf einer geschlossenen 1.000-km-Kreisbahn. Nur wenige Tage später folgte ein neuer Rekordflug, diesmal auf einer 500-km-Kreisbahn mit durchschnittlich 1.972 km/h. Vor allem ging es während der Flugerprobung mit der Mirage IV A-01 um das Erkennen und Lösen von Problemen, die bei längeren Flügen im Überschallbereich auftraten. Gemeint waren Geschwindigkeiten oberhalb Mach 1,8 mit 30 Minuten und mehr Dauer, bei denen das Verhalten der verbauten Materialien, von Schmierstoffen und Hydraulikflüssigkeiten, strukturelle und betriebstechnische Unsicherheiten und die Stabilität untersucht werden sollten. Die Mirage IV A war zudem das erste französische Flugzeug, das bei mechanischer Absicherung Pilotenbefehle elektrisch an die Höhen-, Seiten- und Querruder übermitteln konnte. Die Mirage IV A-01 hatte insgesamt mehr als 400 Erprobungsflüge durchgeführt, als sie im Dezember 1963 abstürzte, die Crew sich aber glücklicherweise retten konnte.

Der Bau einer größeren Mirage IV B wurde abgebrochen, stattdessen drei Vorserienmaschinen als Mirage IV A-02, -03 und -04 bestellt, die einige Änderungen aufwiesen. Sie waren immerhin gut drei Meter länger als der Prototyp A-01, verfügten über eine größere Flügelfläche mit verlängerten Nasenkanten und eine gekappte Seitenflosse, die Betriebsmassen sowie das Tankvolumen fielen höher aus, das Fahrwerk wurde überarbeitet. Die drei Flugzeuge nahmen zwischen Oktober 1961 und Januar 1963 ihre Flugerprobung auf, wobei A-04 dem künftigen Serienstandard schon sehr nahekam. Noch zum Ende des Jahres hatte auch das erste Serienexemplar seinen Erstflug, bereits 1960 hatte es eine Erstbestellung über 50 Mirage IV gegeben. An der Serienproduktion beteiligten sich gut 300 Unternehmen, wobei einige neue Fertigungsverfahren wie z. B. das chemische Fräsen zur Anwendung gelangten. Gemäß den ursprünglichen Bestrebungen mussten nur wenige Baugruppen wie etwa das verwendete Dopplergerät oder die Schleudersitze importiert oder nach Lizenzen hergestellt werden.

Auf Beschluss von Charles de Gaulle stellte Frankreich im Januar 1964 das Strategische Luftkommando CFAS (auch CoFAS abgekürzt) auf, dem künftig die Mirage-IV-Bomber sowie zwölf Tankflugzeuge vom Typ Boeing KC-135 unterstellt waren. So erhielt jedes Langstreckenbombergeschwader, das mit Mirage IV A

Mit bis zu zwölf Raketentreibsätzen konnte die Mirage IV ihre Startstrecke verkürzen und eine hohe Steigleistung erzielen. Foto: Rob Schleiffert

Zur Verringerung der Landestrecke diente ein Bremsschirm mit annähernd 35 m² Fläche. Foto: Safran

ausgerüstet war, auch eine Betankungsstaffel. Zum Erstempfänger des Bombers etablierte sich im Juni 1964 die Staffel EB 1/91 in Mont-de-Marsan, wo anfangs nicht nur die Einweisung auf die Mirage IV, sondern auch weitere Erprobungen mit dem Flugzeug ihre Durchführung fanden. EB 1/91 erklärte am 1. Oktober seine Einsatzbereitschaft mit dem Bomber und wurde zugleich als erste in Alarmbereitschaft mit diesen und den zur Verfügung stehenden Atombomben versetzt. Schon im Folgemonat tätigte die Luftwaffe eine Anschlussbestellung über zwölf weitere Mirage IV A, alle 62 Serienmaschinen waren schließlich bis März 1968 ausgeliefert.

## Anspruchsvoller Dienst

Die Mirage IV A rüstete neben der Umschulungsabteilung CIFAS 328 in Bordeaux insgesamt neun Bomberstaffeln mit je vier einsatzbereiten Flugzeugen aus, wobei jede Staffel auf einem anderen Stützpunkt stationiert war. Der eingeführte Alarmstatus war anspruchsvoll und zudem sehr kostenintensiv. Als zum Ende der 1960er-Jahre die größte Stärke der Mirage-IV-Flotte erreicht war, standen von den 62 in Dienst gestellten Flugzeugen 36 mit funktionsfähigen Atombomben in Alarmbereitschaft. Hiervon befanden sich zwölf in der Luft, zwölf in einer Vier-Minuten- und zwölf in einer 45-Minuten-Alarmbereitschaft am Boden. Innerhalb der Vier-Minuten-Alarmbereitschaft saß die Besatzung bereits im Flugzeug, und

Zwei Mirage IV P bei einem Übungseinsat
wobei die vordere Maschine unter dem Rumpf m
einem ASMP-Marschflugkörper bewaffnet is
Foto: Alexandre Paringau

viele der Systeme liefen schon. Das war auch bei bestimmten Geräten wie Trägheitsanlage oder Visier notwendig, da diese lange Aufwärmphasen für einen präzisen Betrieb brauchten. Die übrigen 26 Bomber galten als einsatzbereite Reserve oder wurden gerade gewartet. Die Atombomben waren, von Stacheldraht umgeben und von Hundestaffeln bewacht, in isolierten Gebäuden untergebracht. Nur autorisierte Techniker übernahmen die Kontroll-, Transport- und Montagearbeiten der Waffe, wobei der Zusammenbau der einzelnen Komponenten bis zu sechs Stunden in Anspruch nehmen konnte. Um den potenziellen Gegner im Osten zu erreichen, gab es hauptsächlich zwei vorgeplante Hauptrouten, eine Richtung Norden und eine über das Mittelmeer. Schnell abrufbereit, konnten zum schnellen und verkürzten Abheben bis zu zwölf Starthilfsraketen benutzt werden. Meist wurde paarweise geflogen, wobei eine Maschine als Tanker und die zweite als Bomber fungierte. War einer der häufig geübten Langstreckeneinsätze angelaufen, wurden zunächst die beiden untergehängten Zusatztanks im Unterschallregime verbraucht, danach abgeworfen und erneut Kraftstoff vom begleitenden Tanker aufgenommen. Dann erfolgte der Steigflug auf 15.000 m und die Beschleunigung auf Mach 2. Der Navigator erhielt von der Regierung einen Geheimcode zur Missionsbestätigung und leitete die Vorbereitungen zum Bombenabwurf mindestens 350 km vor dem Ziel ein, während die Waffe in beiden Cockpits durch mehrere Kontrollen überwacht und schließlich im beiderseitigen Einvernehmen der Crew abgeworfen wurde. Der Bomber drehte daraufhin mit zweifacher Schallgeschwindigkeit ab, um den Heimflug anzutreten. Die Geschwindigkeit fiel bald auf Mach 0,9, es erfolgte ein erneutes Auftanken in der Luft und die Rückkehr zu einem Flugplatz, der nicht unbedingt der Heimatstützpunkt war. Dieses Missionsprofil verursachte bei vielen Luftwaffenangehörigen eine gewisse Ablehnung, da man bei einer Reichweite von 2.000 km mit ausschließlich intern vorhandenem Tankinhalt grundsätzlich auf Nachtanken in der Luft angewiesen war. Selbst dann reichte es kaum für den Rückflug zum Heimatstandort, sodass, abgesehen von der Bedrohung durch die gegnerische Luftabwehr, der Einsatz zu einer One-Way-Mission werden konnte.

Die Einsätze mit der Mirage IV dauerten oft sechs bis zehn, mitunter 14 Stunden, die Überschallflüge kosteten viel Kraftstoff und führten zu einem hohen Verschleiß. Im ersten Einsatzjahrzehnt absolvierten die Bomber mehr als 200.000 Flugstunden und annähernd 40.000 Betankungen in der Luft. Die hohe Anzahl der Flüge und das harte Training setzten den Flugzeugen und den Besatzungen stark zu, sodass der Bestand an Mirage IV kontinuierlich abnahm. Doch die Crews mochten ihr Flugzeug, es ließ sich leicht fliegen und flog in allen Regimes sehr stabil. Probleme konnte es beim Ausfall eines Triebwerks, insbesondere in der Start- und Landephase, geben, das Durchstarten wurde zur Herausforderung. Die Verfügbarkeitsrate fiel mit über 80 Prozent oft sehr gut aus.

## Änderung der Einsatzdoktrin

Mit der zunehmenden Gefahr durch immer leistungsstärkere radargesteuerte Flugabwehrraketen änderte sich das Missionsprofil, und statt in großen Höhen erfolgten nun vor allem Eindringeinsätze im Tiefflug in 30 bis 200 m Höhe bei einer Geschwindigkeit von bis zu 1.100 km/h. Die Atombombe als Hauptbewaffnung wurde für einen verzögerten Fall mit Fallschirm verwendet, der bereits Ende 1967 seine Einführung fand. So war aus der seit 1964 verwendeten AN 21 durch Umrüstung die AN 22 geworden. Ab Mitte der 1970er-Jahre erhielten die Bomber auch einen dreifarbigen Tarnanstrich, zugleich verkleinerte die französische Luftwaffe die Mirage-IV-Flotte. Jedes der drei Bombergeschwader löste im Juli 1976 je eine Staffel auf. Mit der bereits erwähnten Verwundbarkeit durch die immer leistungsfähigere Boden-Luft-Abwehr erfolgte nicht nur eine Änderung der Einsatzdoktrin, sondern auch die Suche nach geeigneten Waffen, die eingesetzt werden konnten, ohne das Trägerflugzeug und seine Crew zu gefährden. Abstandswaffen in Form von Marschflugkörpern verkörperten die Zukunft, und ein entsprechendes System bestellte Frankreich 1978 beim Unternehmen Aérospatiale. Die 250 km weit reichende ASMP war ursprünglich für den taktischen Atombomber Mirage 2000N gedacht, sodass die Bestückung von Mirage IV praktisch eine Übergangslösung darstellte. Insgesamt 18 Bomber mussten zweckdienlich umgerüstet werden, wobei vorwiegend Änderungen beim Navigations- und Bombenwurfsystem sowie eine Neugestaltung des Cockpits erfolgten. Der analoge Bordrechner wurde durch einen digitalen Rechner ersetzt, die Funkaus-

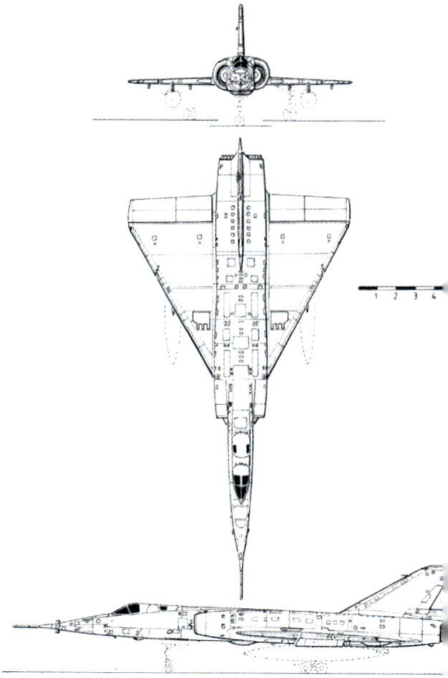

Links oben:
Unter dem Rumpf einer Mirage IV ist gut die halbversenkte Atombombe und daneben die Anordnung der Starthilfsraketen zu erkennen.
Foto: Heiko Thiesler

Links unten:
Typisch für die Kampfjets von Dassault waren seinerzeit Triebwerkseinlässe mit verschiebbaren Halbkegeln.
Foto: Heiko Thiesler

Oben rechts:
Dreiseitenriss der Mirage IV P.
Zeichnung: Manfred Meyer

## TECHNISCHE DATEN MIRAGE IV A

| | |
|---|---|
| Verwendung | Langstreckenbombenflugzeug |
| Besatzung | 2 |
| Triebwerk | zwei SNECMA Atar 9K-13 mit je 65,71 kN Nachbrennerschub |
| Spannweite | 11,84 m |
| Länge | 23,33 m |
| Höhe | 5,41 m |
| Flügelfläche | 78,00 m² |
| Tragflächenbelastung | max. 429 kg/m² |
| Leermasse | 14.589 kg |
| Startmasse | max. 33.475 kg |
| Höchstgeschwindigkeit | 2.340 km/h |
| Steiggeschwindigkeit | 45 m/s |
| Landegeschwindigkeit | 260 km/h |
| Dienstgipfelhöhe | 19.812 m |
| Reichweite | 4.000 km mit Zusatztanks |
| Bewaffnung | bis 7.288 kg Bomben an vier Aufhängepunkten sowie halbversenkt unter dem Rumpf |

rüstung verbessert, ein neues Radar und neue ECM-Geräte eingebaut und die Waffenhalterungen modifiziert. Die Marschflugkörper-tragende Version erhielt die Typenbezeichnung Mirage IV P (P für Pénétration) und flog mit Jean-Marie Saget im Oktober 1982 zum ersten Mal, im Folgejahr startete eine Umbaumaschine die ersten ASMP (ohne nuklearen Gefechtskopf!) zu Versuchszwecken über der Biskaya. Im Mai 1986 begann die offizielle Indienststellung der Mirage IV P, die nachfolgend mit EB 1/91 und 2/91 von zwei Einsatzstaffeln geflogen wurde.

Zwischenzeitlich waren die Alarmbereitschaften zurückgestuft und die Flugstundenzahlen reduziert worden, doch nahm die Stückzahl an zur Verfügung stehenden Flugzeugen weiter ab. Die Verkleinerung hatte auch etwas mit der Verfügbarkeit ballistischer Raketen zu tun, die zunehmend die Langstreckenkomponente der nuklearen Abschreckung Frankreichs ausfüllten. Zwei andere Mirage-IV-A-Staffeln, die nach wie vor für den Einsatz der frei fallenden AN-22-Atombomben konfiguriert waren, wurden im Oktober 1983 in Creil sowie in Luxeuil und nochmals eine im Juli 1986 in Avord deaktiviert. Die Mirage IV P standen bis Juli 1996 im Einsatz, danach flogen die verbliebenen Maschinen ausschließlich Aufklärungsmissionen.

Bereits ab Ende 1970 konnte die Mirage IV den Aufklärungsbehälter CT 52 unter dem Rumpf mitführen und mit den darin verbauten Kameras hervorragende Aufnahmen machen. Hierbei waren unterschiedliche Brennweiten von 75 bis 600 mm dienlich, später konnte statt eines Kamerasatzes auch ein Infrarotscanner eingebaut werden. Die Aufklärer operierten vom Standort Mont-de-Marsan aus, bis im Juni 2005 der Dienst mit dem großen Deltaflügler endgültig endete. Manche der Flugzeuge kamen im Laufe ihres Dienstes auf annähernd 7.000 Flugstunden, und mit Dienstende im Juni 2005 konnte die gesamte Mirage-IV-Flotte insgesamt 337.000 geleistete Flugstunden verbuchen. Während dieser Zeit musste fast ein Drittel des Bestands abgeschrieben werden, mindestens 15 Totalverluste durch Abstürze und Havarien inbegriffen, die sich vor allem in den 1970er-Jahren ereigneten. Wie auch immer, für Frankreich und seine Streitkräfte war es ein erfolgreiches Einsatzmuster. Mit der Mirage IV hatte Dassault ein beeindruckendes Flugzeug geschaffen, das als politische Abschreckungswaffe in Dienst gestellt wurde und im Ernstfall als letzte Wahl zur atomaren Vergeltungswaffe geworden wäre.

Letztendlich hatten diese Flugzeuge in ihrer Dienstzeit keinerlei Waffen eingesetzt, wohl aber zahlreiche Aufklärungsmissionen zum Sammeln wertvoller Informationen in verschiedenen Konflikten über Afrika, dem Balkan, Afghanistan und Irak absolviert. Nur testweise hatte eine Mirage IV während der Operation »Tamouré« am 19. Juli 1966 eine Atombombe im »scharfen Schuss« aus großer Höhe über dem Pazifik abgeworfen. ■

# SAR-See

## Dauereinsatzaufgabe der Deutschen Marine

Peter Straub

**Der Beitritt zur ICAO 1956 (Zivilluftfahrtbehörde der UNO) und zur NATO 1955 mit der Wiederaufnahme des militärischen Flugbetriebs waren die Auslöser für den Aufbau des SAR-Such- und Rettungsdienstes in der Bundesrepublik. Von Anfang an trennte man in Organisationen für Land- und Seerettung und beauftragte die Bundeswehr mit der Aufstellung entsprechender Einheiten.**

Der Beginn des SAR-Dienstes über dem Seegebiet der Bundesrepublik Deutschland war die Gründung der »Marine Seenotstaffel« im Januar 1958 in Kiel-Holtenau. Damit hatten die Marineflieger von Anfang an neben den Marinejagdbombern (Hawker »Seahawk«) und den U-Jagd-Flugzeugen (Fairey »Gannet«) ein drittes Standbein und den ersten Einsatzauftrag für Hubschrauber.

Der Sea King war der ideale SAR-Hubschrauber. Er war bei zahlreichen Seenotfällen und Naturkatastrophen im Einsatz.
Foto: Peter Straub

Bristol Sycamore. Kein besonders leistungsfähiger Hubschrauber und spärlich instrumentiert.
Foto: Doug Clifford

Mitte des Jahres 1958 kamen die ersten vier Maschinen vom Typ Bristol »Sycamore« nach Kiel, sechs weitere folgten später. Die Besatzungen wurden schon ab 1957 in der »Flugzeugführerschule »S« in Memmingen ausgebildet. Erstes Ausbildungsmuster war damals für die angehenden Hubschrauberpiloten der »Bell 47 G-2«, danach folgte die Umschulung auf den etwas größeren »Sycamore«, ein britisches Muster. Auch die Luftwaffe setzte diesen Typ mit 40 Exemplaren ein, davon einige im SAR-Dienst an mehreren Standorten.

## Beginn des SAR-Dienstes zur See

Der 1. Juli 1958 war der Beginn der SAR- und Hubschrauberfliegerei der Marine. Wenn man sich mit dieser Zeit befasst, wird einem klar, dass es in allen Bereichen echte Pionierarbeit war. Die ersten Hubschrauber wurden ohne Funkgeräte geliefert. Die Bordmechaniker rüsteten in alle Maschinen eine Antenne ein, man organisierte sich von der Flotte ein »ARC 34«-Gerät und baute dieses immer in die Maschine ein, die gerade fliegen sollte. Dieser Zustand änderte sich dann bis Jahresende 1958. Die technische Wartung unternahm anfangs ein Technikbetrieb in Braunschweig. Ab Ende 1958 wurde neben Kiel auch ein »Sycamore« in Jagel stationiert. Dort startete der Jagdbomber-Flugbetrieb mit zwölf Maschinen des Typs »Seahawk«. Ein »Sycamore« wurde deshalb als Bereitschaftshubschrauber dorthin verlegt und war an den Flugdiensttagen als »Crash-Hubschrauber« im Einsatz, um bei Start- oder Landeunfällen medizinisches Personal sofort zur Unfallstelle zu fliegen.

Die »Sycamores« waren für die SAR-Aufgabe nur bedingt einsatztauglich. Ein Betrieb über der offenen See und der Einsatz bei schlechtem Wetter schieden praktisch aus. Der »Sycamore« war maximal für das Küstenvorfeld geeignet. Für die ICAO-Verpflichtung und die Absicherung des militärischen Flugbetriebs mussten aber auch SAR-Mittel vorhanden sein, die auf hoher See in den zur Bundesrepublik gehörenden Teilen von Ost- und Nordsee operieren konnten. Die Marine beschaffte hierzu sieben Flugsicherungsboote, genannt »FL-Boote«. Sie ergänzten sich gut als SAR-Mittel ersten Grades mit den »Sycamore«-Hubschraubern. Die FL-Boote waren draußen auf See, wenn die Jagdbomber Seezielschießen oder Luftkampf über See übten. Sie konnten auch nachts eingesetzt werden, waren bis zu 29 Knoten (ca. 52 km/h) schnell und hatten bis zu 15 Mann Besatzung.

Die Flugsicherungsboote wurden in Ost- und Nordsee eingesetzt. Sie überwachten oft die Schießplätze, die von den Marinejagdbombern angeflogen wurden. Foto: Wolfgang Fricke

Fünf Albatros HU-16 flogen bei den Marinefliegern. Grafik: Aviation Dictionaries

Eine Albatross beim »JATO«-Start auf der Kieler Förde. Abgesichert durch ein Flugsicherungsboot. Foto: PIZ Marine

Trotz Einsatz der beiden Rettungsmittel »Sycamore« und »FL-Boot« zeigte sich aber eine Fähigkeitslücke, wenn weit draußen auf dem Meer und schnell operiert werden musste. Da war eine Anfahrt mit dem »FL-Boot« über mehrere Stunden einfach zu langsam. Die Marine schloss auch diese Lücke und beschaffte ein weiteres Rettungsmittel. Im Jahr 1959 wurden fünf Flugboote vom Typ »Albatross HU-16« beschafft und auch in Kiel stationiert. Das war der ideale Standort. Neben dem Heliport direkt am Wasser gab es den auch zivil genutzten Flugplatz Kiel-Holtenau. Am Heliport wurde eine Rampe ins Wasser gebaut, die die »Albatross« für Wasserstarts und -landungen nutzen konnte, um ins oder aus dem Wasser zu kommen. Meist operierten die Maschinen von Land aus und starteten in Kiel-Holtenau. Die »Albatross« flog mit fünf Mann Besatzung, hatte eine Höchstgeschwindigkeit von 380 km/h und eine Flugausdauer von bis zu 20 Stunden. Zusätzlich konnten elf weitere Passagiere mitfliegen oder aufgenommen werden. Bis zu Seegang 3 (1,5 m Wellenhöhe) und Windstärke 6 konnte auf See gelandet und gestartet werden. Besonders spektakulär war, wenn sie mit Starthilfsraketen im Einsatz war. Vier dieser Donnerbüchsen konnten am Rumpf befestigt werden und wurden beim Startlauf gezündet. Die Abbrenndauer von

14 Sekunden lieferte dann zusätzlichen Schub, der beim Start hilfreich war. Dieses »JATO«-Verfahren (Jet-Assisted Take Off) war aber eher ein Sonderverfahren, das wenig geübt und selten im Einsatz angewendet wurde.

Die »Albatross« war ein hervorragendes Seefernaufklärungsflugzeug, das eine tolle Flugausdauer hatte. Sie war mit Peilgeräten und Radar ausgestattet. Das prädestinierte sie auch als »OSC« (On-Scene Commander) und für viele Suchflüge über offener See, um Schiffbrüchige oder abgestürzte Flugzeugbesatzungen zu finden. Das Muster blieb bis 1971 im Einsatz für den SAR-Dienst.

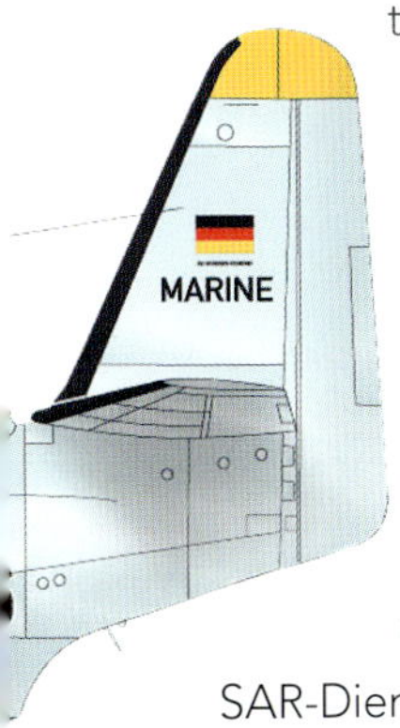


## Erste SAR-Einsätze der Marine

Die »Marine Seenotstaffel« wurde noch 1959 zur »Marine-Dienst und Seenotgruppe« hochgestuft. Mit den Verbindungsflugzeugen »Pembroke« und »Do 27« kamen weitere Flugzeuge nach Kiel-Holtenau, die in Ausnahmefällen auch im SAR-Dienst eingesetzt werden konnten. Anfang der 1960er-Jahre machte man sich zudem intensive Gedanken, wie man die Hubschrauber und Flugzeuge auch bei zivilen Notlagen einsetzen konnte. Man lokalisierte viele mögliche Landeplätze für Hubschrauber und bereitete sich auf Notlagen vor. Diese Einsätze kamen früher als gedacht. Im Winter 1962/63 gab es eine Schneekatastrophe, die dazu führte, dass große Küstenbereiche und die Halligen und Inseln mit Hubschraubern versorgt werden mussten. Bereits im Februar 1962 war die große Flutkatastrophe in Hamburg. Auch dabei waren die SAR-Flieger der Marine im Einsatz.

Die ersten Jahre des Einsatzes mit dem »Sycamore« waren wichtige Lehrjahre für die maritime Hubschrauberfliegerei. Die Einsätze zeigten, was machbar war, und allzu oft, was mit dem leichten Hubschrauber nicht machbar war. Zu wenig Flugausdauer, zu wenig Innenraum, zu wenig Geschwindigkeit, zu wenig Leistungsreserve bei heftigen Wetterbedingungen. Es war einfach kein geeigneter SAR-Hubschrauber. Man erkannte das recht schnell, und schon Anfang 1963 kam mit dem Sikorsky »H-34G« (zivile Bezeichnung S-58) ein deutlich besserer Hubschrauber nach Kiel, wo die Staffel im Herbst 1963 zum Geschwader hochstrukturiert wurde. Das »Marinefliegergeschwader 5« (MFG 5) wurde offiziell aufgestellt. Der Kommodore dieses Verbands hatte Alleinstellungscharakter. Kein anderer fliegender Verband in der Bundeswehr hatte ein solches Potpourri an Flugzeugen, Hubschraubern und Booten.

Auch die Einsatzführung baute man in Kiel-Holtenau immer weiter aus. Die Erkenntnis wuchs, dass »SAR-See« deutliche Unterschiede zu »SAR-Land« hatte. Daher konzentrierte man sich in Kiel voll auf diese Aufgabe, und die Luftwaffe spezialisierte sich mit ihren Leitstellen Nord (Hannover) und Süd (Ramstein) auf den Landbereich. Die hauptsächlichen Rettungspartner der Marine waren die Flotte und die DGzRS (Deutsche Gesellschaft zur Rettung Schiffbrüchiger), die

Ab 1963 das SAR-Rettungsmittel 1. Grades. Der Sikorsky H 34 G. Foto: PIZ Marine

Küstenfunkstellen (wie Radio Norddeich) und auch die anderen angrenzenden Länder (Niederlande, Dänemark, Schweden) mit ihren SAR- und Seenotrettungsorganisationen.

Wichtig für Notfälle über See ist vor allem ein umfassendes Lagebild. Wer befindet sich wo? Wie ist und wie wird das Wetter? Wer kann wie unterstützen? Diese Informationen lagen vorwiegend beim Flottenkommando in Glücksburg vor. Also war es sinnvoll, die Leitstelle für den SAR-Seedienst nach Glücksburg zu verlegen und dort an das Flottenkommando anzubinden. Im Jahr 1967 wurde die SAR-Leitstelle dort eingerichtet. Im »RCC« (Rescue Coordination Center) wird bis heute, 24/7 an 365 Tagen im Jahr, der SAR-Dienst der Marine geführt und die Verbindung mit den anderen Rettungs- und Seeorganisationen gehalten.

## Sikorsky »H 34G«

Zurück zum »H-34 G«-Hubschrauber. Insgesamt 20 Maschinen bekam die Marine 1963. Davon wurden 13 für den SAR-Dienst eingesetzt, mit den restlichen Maschinen wurden anfangs auch erste Truppenversuche zur Minenräumung mit Hubschraubern und zur U-Boot-Jagd durchgeführt. Nach Beendigung dieser Versuche kamen auch diese Hubschrauber zur SAR-Staffel. Das Hubschraubermuster blieb bis 1975 im SAR-Einsatz. Die »Sycamores« wurden noch 1963 alle an die Luftwaffe abgegeben.

Der »H-34 G« war Jahre vor dem Einsatz bei der Marine bereits bei den Heeresfliegern und bei der Luftwaffe eingeführt worden. Die ersten Marinepiloten wurden ab 1959 ausgebildet und bis zur Einführung 1963 bei den Heeresfliegern im praktischen Flugbetrieb eingesetzt. Ähnlich verhielt es sich mit den Bordmechanikern, die auch schon Jahre vor dem Einsatz Erfahrung aufbauen konnten. Die Einführung des »H-34G« ist wohl die schnellste Typeinführung eines Luftfahrzeugs bei der Bundeswehr aller Zeiten, sie prägte den deutschen Seenotrettungsdienst nachhaltig.

Die größten Vorteile gegenüber dem Vorgängermuster waren die bessere Flugausdauer, der größere Frachtraum mit Winde und die höhere Nutzlast. Der Nachteil nur eines Antriebsmotors (luftgekühlter Wright R-1820-Sternmotor) musste in Kauf genommen werden. Auch in der Instrumentierung wurden deutliche Fortschritte gemacht. Die Sikorsky-Maschine hatte eine eingeschränkte Blindflugausrüstung, leistungsfähigere Funk- und Navigationsgeräte sowie eine Instrumentierung für Flüge bei Nacht und schlechter Sicht. Für den SAR-Dienst bedeutete all dies einen deutlichen Fähigkeitsgewinn. Erstmals konnten die Marineflieger Rettungseinsätze auch bei schwierigen Wetterbedingungen über größeren Seegebieten durchführen. Insgesamt kamen bei den Marinefliegern 26 Sikorsky-Maschinen zum Einsatz, da einige Maschinen durch Absturz und Beschädigung ersetzt werden mussten.

In die Zeit des Sikorsky-Hubschraubers fiel auch die Erweiterung der SAR-Stationen. Neben dem Hauptstandort Kiel-Holtenau war mindestens ein Hubschrauber auch ständig in der Nordsee stationiert. Hier wurde vor allem Borkum eine wichtige Außenstation. Hauptursache hierfür war der zunehmende militärische Flugverkehr über See. Luftwaffe, Marine und alliierte Streitkräfte flogen täglich und verursachten zahlreiche Einsatzfälle für die SAR-Flieger.

## Westland Sea King Mk.41

Ende der 1960er-Jahre musste man sich Gedanken über die Nachfolge des »H-34 G« machen. Insbesondere bei den Heeresfliegern liefen ab Mitte der 1960er-Jahre intensive Erprobungen mit dem »Bell UH-1D«. Auch die Einsatz-

Die Seenotrettungskreuzer der Deutschen Gesellschaft zur Rettung Schiffbrüchiger sind das wichtigste seegestützte Rettungsmittel, mit denen die Sea Kings zusammenarbeiteten. Foto: Noun

tauglichkeit für den Marineeinsatz (z. B. Landung mit aufblasbaren Notschwimmern) wurde erprobt. Einige Bundeswehrplaner wollten ein gemeinsames Hubschraubermuster für Heer, Luftwaffe und Marine. Die Marineflieger hatten aber ein Auge auf den Westland »Sea King Mk.41« geworfen. Dieser Hubschrauber war der ideale Marine- und SAR-Helikopter der damaligen Zeit. Die Marine konnte sich durchsetzen, und man bestellte 22 Maschinen bei Westland in Großbritannien. Ab 1973 wurden die ersten fertiggestellt, und es begann die Ausbildung des fliegenden Personals bei der Royal Navy an der Kanalküste im Südwesten von Großbritannien. Die komplette Ablösung des »H-34G« vollzog sich bis 1975. Mit der Einführung des »Sea King« wurde die SAR-Leistungsfähigkeit nochmals deutlich gesteigert. Die Maschine hatte zwei Turbinentriebwerke, konnte noch mehr Personal und Last aufnehmen, hatte mit über sechs Stunden Flugzeit eine sehr gute Reichweite und war nochmals deutlich schneller als der »H 34 G«. Die Instrumentierung im Cockpit war deutlich besser, man war nun voll nachtflugtauglich.

Ein weiterer großer Vorteil war die Ausrüstung mit einem Seeraum-Überwachungsradar. Zur Bedienung dieses wichtigen Instruments kam der »LOPO« an Bord. Der »Luftfahrzeug-Operations-Offizier« unterstützte die Cockpitbesatzung wesentlich, bestimmte die Suchkurse bei Seenoteinsätzen, konnte als »On-Scene Commander« (OSC) andere Luft- und Seefahrzeuge führen und koordinieren. Bei Winschoperationen war es oft der »LOPO«, der abgewinscht wurde, um Personen von Schiffen oder aus dem Wasser zu holen. Der »Sea King« war ein äußerst stabiler Hubschrauber, der die Piloten mit einer Schwebeflugautomatik beim Winschen unterstützen konnte, war aber auch agil genug, um im Nahbereich von Schiffen nah an den Masten und Aufbauten operieren zu können. Mit dem Einsatz der »Sea Kings« wurde das Einsatzgebiet nochmals besser abgedeckt. Die »Albatross«-Flugboote waren seit 1971 nicht mehr im Einsatz, und auch die FL-Boote wurden bis 1977 außer Dienst

Der »LOPO« arbeitete am Radar und der FLIR-Kamera im Sea King. Er hatte wichtige Aufgaben bei Suche und Rettung.
Foto: Kay Thiele

gestellt. Der komplette SAR-Dienst wurde danach vom »Sea King« abgedeckt. In der Nordsee wurde auf Helgoland ab 1979 eine ständige SAR-Station eingerichtet. Auch von Westerland/Sylt und Borkum wurde weiterhin zeitweise operiert. War kein SAR-Hubschrauber der Marine im Einsatz, wurde auch kein Luftkampf- oder Tiefflugtraining der Kampfjets über See durchgeführt.

Eine wesentliche Modernisierung des »Sea Kings« fand Anfang der 2000er-Jahre statt. Ab dann wurde eine »FLIR«-Kamera (Forward Looking Infrared) eingerüstet. Mit dieser Kamera konnte der »LOPO« bei Nacht und schlechter Sicht, aber auch bei Tage bei guter Sicht, Personen oder Rettungsringe im Wasser noch besser entdecken. Die Jahre 1975 bis 1990 waren intensiv für den SAR-Dienst, wo vor allem der militärische Flugverkehr abgesichert wurde. Ab 1990 wurden nach der Grenzöffnung auch die SAR-Gebiete der ehemaligen DDR mit in das Überwachungsgebiet aufgenommen. In Parow, und seit 1997 in Warnemünde, wurde ebenfalls mit »Sea Kings« operiert. Im Jahr 2024 wurde der »Sea King« außer Dienst gestellt.

Patch Last Flight Sea King
Foto: PIZ Marine

## Gemeinsame SAR-Aufgabe mit den Seenotrettern

Die Sicherheitsarchitektur an der deutschen Küste hat einen weiteren Partner für die SAR-Flieger, der auch die Bezeichnung »SAR« auf seinen Einsatzfahrzeugen trägt: die »Deutsche Gesellschaft zur Rettung Schiffbrüchiger« (DGzRS). Diese zivile Organisation finanziert sich aus Spenden und hat insgesamt 55 Rettungsstationen an Ost- und Nordsee; 18 davon sind rund um die Uhr mit hauptamtlichem Rettungspersonal besetzt. Die SAR-Hubschrauber der Marine sind wesentliche Hilfe der »DGzRS«, diese Aufgabe kann als drittes SAR-Standbein der Marineflieger neben der zivilen und militärischen Luftrettung gesehen werden. Die Leitstelle der Seenotretter ist in Bremen, und sie ist einer der Hauptpartner des »RCC« in Glücksburg.

Die gesamte Überwachungs- und Sicherheitsarchitektur auf dem Meer und in der Luft hat sich im Laufe der Jahrzehnte ständig verbessert. Mit dem Havariekommando ist seit 2003 eine Organisation entstanden, die bei komplexen Schadenslagen die schwimmenden und fliegenden Einsatzmittel koordiniert. Mit zivilen Hubschraubern gibt es seit einigen Jahren auch geeignete Rettungsmittel, die Einsätze über dem Meer übernehmen. Seit dem Aufbau zahlreicher Windparks in Ost- und Nordsee fliegen diese Hubschrauber auch Rettungseinsätze über See, die früher ausschließlich mit den SAR-Hubschraubern geflogen wurden. Außerdem hat sich die Sicherheitslage bei militärischen Luftfahrzeugen deutlich verbessert. Gab es mit »Starfighter« und »Phantom« noch zahlreiche Abstürze und Schleudersitz-Ausschüsse über See, so hat sich die Lage mit dem »Eurofighter« deutlich verbessert. Bisher gab es noch keinen Absturz über See.

Das »RCC« in Glücksburg ist eng mit dem »RCC« in Münster (siehe auch FliegerKalender 2026) verbunden. Dort ist der deutsche »Point of Contact«, wenn weltweit irgendwo ein Notfunksender in Luft- oder Seefahrzeugen ausgelöst wird. Über das »COSPAS-SARSAT«-Satellitensystem wird das Notsignal aufgefasst und an das weltweit örtlich zuständige »RCC« weitergeleitet. Dadurch wurden die Alarmierungszeiten optimiert. Insgesamt sinken die Notfallzahlen auf dem Meer. Neben der Sicherheit der Schiffe und Flugzeuge haben sich auch Navigationsgeräte und Wettervorhersagen verbessert. Viele Rettungsflüge werden seit Jahren auch von zivilen Rettungsbetreibern übernommen. Dies führt dazu, dass sich die Anzahl der SAR-Einsätze der Marineflieger reduziert hat. Parallel dazu haben sich innerhalb der Marine über die letzten drei Dekaden zusätzliche Aufgaben für die Marinehubschrauber ergeben. Der Einsatz als Bordhubschrauber, die Zweitrolle beim »Sea King« als Träger von Lenkflugkörpern (zeitweilig) und der Einsatz für Spezialkräfte und spezialisierte Kräfte haben das Aufgabengebiet weg vom Kernauftrag »SAR-See« verlagert.

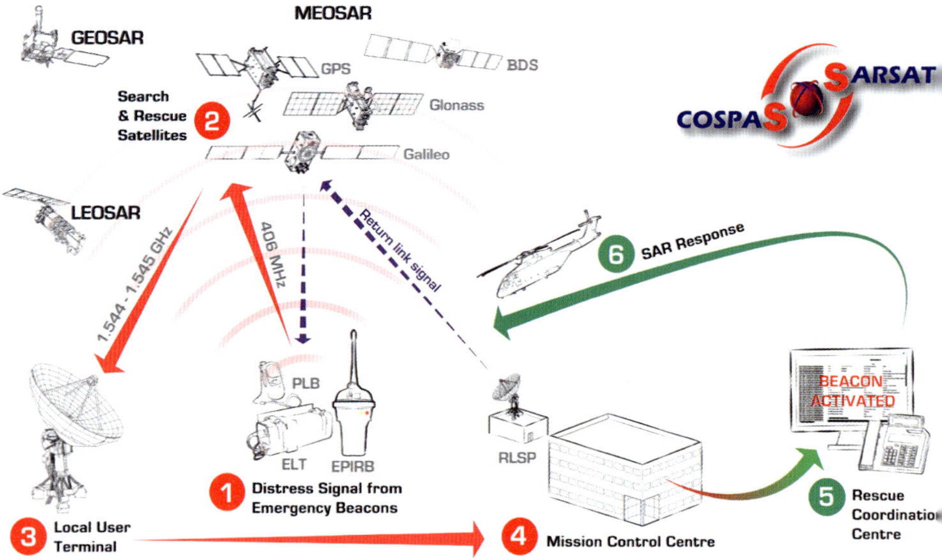


Schematische Darstellung des Ablaufs einer Alarmierung über das Satellitensystem COSPAS/SARSAT. Innerhalb weniger Minuten kann in solchen Fällen ein Hubschrauber zur Suche und Rettung losgeschickt werden.

Der NH90 Sea Lion aus dem Hause Airbus hat den Sea King im SAR-Dienst abgelöst. Der Hubschrauber ist sehr komplex mit Sensoren und Avionik ausgestattet. Foto: Peter Straub

## »Sea Lion« – der aktuelle SAR- und Marinehubschrauber

Im August 2024 wurden die letzten »Sea Kings« außer Dienst gestellt. Dafür hat die Marine 18 moderne Hubschrauber vom Typ Airbus »Sea Lion« eingeführt, die seither auch den SAR-Dienst übernommen haben. Der Hubschrauber ist ein »State-of-the-Art«-Fluggerät mit allem, was ein militärischer Hubschrauber heutzutage an Ausrüstung hat. Für den SAR-Dienst hat er vor allem im Avionik- und Kommunikationsbereich Vorteile gebracht. Er ist besser vernetzt, kann Lagebilder und Daten mit anderen Einsatzstellen im Flug digital austauschen und hat ein weiter verbessertes Radar. Die höhere Fluggeschwindigkeit kompensiert die geringere Flugausdauer gegenüber den »Sea Kings«.

Für die eigentlichen SAR-Aufgaben hat der Hubschrauber aber auch Nachteile. Die Kabine ist kleiner als beim Vorgänger, der Rotorabwind bei Winscheinsätzen stärker und die Komplexität insgesamt deutlich höher als beim »Sea King«. Diese Komplexität hat Auswirkungen auf den Klarstand der Hubschrauber für den täglichen Einsatz. Waren beim »Sea King« Flugklarstände von über 60 Prozent keine Ausnahme, so ist das mit dem »Sea Lion« nicht mehr dauerhaft möglich. Das liegt nicht unbedingt daran, dass die Maschinen ständig defekt sind, es liegt vor allem an den vom Hersteller vorgegebenen Überwachungs- und Wartungszyklen, die eine hohe ständige Einsatzverfügbarkeit erschweren.

Aktuell hält die Marine ein bis zwei ständige SAR-Hubschrauber in 24/7-Bereitschaft, hauptsächlich vom Heimatstandort des Marinefliegergeschwaders 5 in Nordholz aus. Zeitweise auch an den noch aktuellen Außenstellen auf Helgoland oder Warnemünde. In einer komplexen Katastrophenlage könnten weitere Hubschrauber aus dem Marinebereich, von der Bundespolizei oder von zivilen Betreibern aktiviert werden.

## Zusammenfassung

Die SAR-Aufgabe ist eine hoheitliche Aufgabe der Bundesrepublik Deutschland. Der Auftrag hierzu wurde der Bundeswehr übertragen. Allein in der 50-jährigen Einsatzzeit des Westland »Sea King« wurden über 14.500 Einsätze geflogen. Dabei wurden über 4.000 Menschen aus Notlagen gerettet. Die wenigsten Einsätze waren direkte Rettungen bei Flugzeugabstürzen, viel häufiger waren Einsätze bei Seenotfällen oder zahlreichen Naturkatastrophen. Viele Personen von den Inseln und Halligen können sich bei den Besatzungen der Marinehubschrauber für die Geburtshilfe bedanken. Die Marinehubschrauber fliegen bei fast jedem Wetter, sind Tag und Nacht einsatzklar und die Besatzungen bestens ausgebildet. Marinehubschrauber dürfen bei anderen Wetterminima fliegen als zivile Hubschrauber, das hat sie in vielen Fällen zum entscheidenden Rettungsmittel gemacht.

Die Mehrzweckschiffe der Wasser- und Schifffahrtsverwaltung sind ständig auf Ost- und Nordsee im Einsatz. Häufig arbeiten die SAR-Hubschrauber auch mit ihnen zusammen. Hier die NEUWERK bei einem Winschmanöver mit einem »Sea Lion« vor Cuxhaven. Foto: Peter Straub

Auch weiterhin wird es die SAR-Aufgabe geben. Für die Marinehubschrauber ist es aber mittlerweile nur eine von vielen Aufgaben. Im Bereich der Militärfliegerei entwickelt sich das Aufgabenfeld stark weiter. Nicht mehr lange, dann fliegen auch ferngesteuerte Flugzeuge und Hubschrauber über der See. Dabei denkbar auch der unterstützende Einsatz im SAR-Such- und Rettungsdienst. Über die Jahre haben sich die Ausrüstung und die Einsatzführung immer mehr verbessert und verändert. Was früher ausschließlich über Sprechfunk und Peilstellen ablief, ist heute digitalisiert, vernetzt und übertragbar. Geblieben ist der Auftrag: Hilfe für Personen, die an Küste oder über See in Not geraten sind. ■

### VERGLEICH VON SAR-HUBSCHRAUBERN

| | Sycamore | H 34 G | Sea King | Sea Lion |
|---|---|---|---|---|
| **Abfluggewicht max. (kg)** | 2.500 | 6.170 | 9.300 | 11.000 |
| **Geschwindigkeit max. (km/h)** | 212 | 200 | 250 | 320 |
| **Flugausdauer (h)** | 2,5–3 | 3,5 | 6 | 4 |
| **Besatzung** | 2–3 | 2–4 | 4–5 | 4–5 |
| **Antriebsleistung (PS)** | 525 | 1.525 | 2x1.680 | 2x2.230 |
| **Reichweite ca. (km)** | 530 | 450 | 1.400 | 1.100 |

# Im Schatten Lindberghs

## Der norwegische Luftfahrtpionier Bernt Balchen

Hagen Seehase

**Von der Popularität, die Charles Lindbergh durch seinen Nonstop-Alleinflug von New York nach Paris gewann, konnten die anderen Luftfahrtpioniere, die sich daran versuchten, nur träumen. Allerdings haben sie auch einiges vorzuweisen.**

### Der Orteig-Preis

Ein ungewöhnliches Dröhnen weckte Marianne Lescop, die Tochter des Leuchtturmwärters. Es hörte sich wie Motorengeräusch an, was um diese Zeit wirklich außergewöhnlich war. Sie und ihre Eltern hielten durch die Fenster Ausschau, konnten aber bei dem nebeligen Wetter nichts Besonderes erkennen. Also legten sie sich wieder schlafen und wurden dann abermals aus dem Schlaf geschreckt, diesmal durch heftiges Klopfen an der Tür. Da standen vier Gestalten, die ausgesprochen abenteuerlich aussahen.

Es war mehr als acht Jahre vorher, im Mai 1919, als Alec Ramsay Hawley, der Präsident des Aero Club of Ame-

Die Besatzung der America vor ihrem Flugzeug, Balchen steht ganz rechts (im dunklen Hemd). Foto: NARA

rica, einen Brief erhielt. Der aus Frankreich stammende New Yorker Hotelier Raymond Orteig bot demjenigen, der als Erster den Atlantik von New York nach Paris oder umgekehrt im Nonstopflug überqueren würde, ein stattliches Preisgeld von 25.000 Dollar. Der Club sollte die Rolle des Ausrichters und Schiedsrichters übernehmen. Es tat sich aber zunächst nicht viel, jedenfalls nicht in Orteigs Sinne. Zwar gelang den beiden britischen Piloten John Alcock und Arthur Whitten Brown am 14./15. Juni 1919 der erste Nonstop-Transatlantikflug, allerdings entsprach dieser Flug nicht den Ausschreibungsbedingungen des Preises. Die beiden ehemaligen Militärpiloten waren mit ihrem umgebauten Vickers-Vimy-IV-Bomber von St. John's in Neufundland gestartet und nach einem Flug von 15 Stunden und 57 Minuten beim irischen Clifden gelandet. Die Strecke betrug immerhin 1.890 nautische Meilen (3.040 Kilometer).

Die für den Orteig-Preis zurückzulegende Strecke war allerdings mit rund 3.600 nautischen Meilen fast doppelt so lang. Alcock und Brown konnten sich mit 10.000 Pfund Preisgeld trösten, das von der britischen Zeitung »Daily Mail« ausgelobt worden war, und der englische König George V. erhob sie zu Rittern. Die Vickers Vimy der beiden britischen Flugpioniere war schon durch den Einbau zusätzlicher Treibstofftanks reichweitengesteigert worden, die Strecke New York – Paris erschien in den beginnenden 1920er-Jahren fantastisch und technisch nicht zu realisieren. So zog der Orteig-Preis in seiner ursprünglichen Laufzeit von fünf Jahren keine ernst zu nehmenden Aspiranten an. Raymond Orteig aber blieb hartnäckig und bestätigte seine Ausschreibung noch einmal am 1. Juni 1925, deponierte die 25 000 Dollar in Sicherheiten bei der Bryant Bank und setzte Treuhänder zur Überwachung ein. Im Jahr 1926 begannen dann ernsthafte Planungen für den ersten Flug zwischen der amerikanischen und der französischen Metropole.

Ein altes Poster würdigt die Leistungen der Besatzung der America, erst später trat die fliegerische Pioniertat gegenüber Lindberghs Flug in der öffentlichen Wahrnehmung in den Hintergrund. Foto: NARA

Beim United States Army Air Corps spielten Fokker-Transportmaschinen in den 1920er-Jahren eine wichtige Rolle, zwei Fokker C-2A vorne, dahinter Ford Trimotor. Foto: U.S. Air Force

Eine Fokker Trimotor C-2 mit dreiblättrigen Luftschrauben. Der günstige Eindruck, den die Fokker Trimotor 1925 bei der First Annual Aerial Reliability Tour hinterließ, trug zur Entwicklung der Ford Trimotor bei. Foto: NARA

## Tragische Flugunfälle und andere Kalamitäten

Am 21. September 1926 startete das französische Jagdfliegerass René Fonck zusammen mit dem amerikanischen Marineoffizier Lawrence Curtin als Copilot in einer eigens für den Rekordflug umgebauten Sikorsky S-35. Die überladene Maschine stürzte schon in der Startphase ab. Während die beiden Piloten mit dem Leben davonkamen, starben der Funker Charles Clavier und der Mechaniker Jacob Islaroff.

Ende Oktober 1926 gab der durch seine Arktisexpeditionen bekannt gewordene Commander der U.S. Navy (im Reservestatus) Richard E. Byrd seine Absicht kund, an dem Wettstreit teilzunehmen. Byrd erfreute sich der Unterstützung Anthony Fokkers, dessen Atlantic Aircraft Corporation mit der Fokker Trimotor ein zuverlässiges Langstreckenflugzeug produzierte.

Am 16. April 1927 wurde das Team um Byrd durch einen Flugunfall zurückgeworfen: Die auf den Namen »America« getaufte Maschine vom Typ Fokker C-2 Trimotor überschlug sich beim Start. Das robuste Flugzeug, das der von Byrd bei seinem Nordpolarflug genutzten Fokker F.VII sehr ähnelte, wurde beschädigt und drei der vier Insassen auch: Byrd erlitt einen Knochenbruch, sein Copilot Floyd Bennett sogar mehrere, der Flugingenieur George O. Noville wurde ebenfalls verletzt, nur Antony Fokker bekam keinen Kratzer ab. Er schlug Byrd, der auf den im Hospital verweilenden Bennett verzichten musste, den Norweger Bernt Balchen (am 23. Oktober 1899 als Sohn eines Landarztes bei Kristiansand geboren) als Ersatz vor. Byrd kannte Balchen gut. Dieser ehemalige Pilot der norwegischen Marine hatte (auf Ermutigung durch Roald Amundsen) Byrd

Fokker C-2 Innenraum mit Funkausstattung.
Foto: NARA

Wartungsarbeiten am Backbordmotor einer Fokker-Trimotor 1929. Foto: Library of Congress

und Floyd Bennett bei den Vorbereitungen zu deren Rekordversuch mit der Fokker Trimotor Josephine Ford geholfen. Allerdings hatte Balchen von Anfang an Zweifel an der Darstellung der beiden gehabt, sie seien zum Nordpol gelangt. Noch 1926 schloss sich Balchen zeitweise Byrd an und begleitete dessen Chefpiloten Floyd Bennett als Copilot auf einer großen USA-Tournee, bei der die Luftfahrt als sichere Verkehrstechnik propagiert wurde. Byrd akzeptierte also Fokkers Vorschlag. Balchen bekam 500 Dollar von Fokker, für den er vorher als Testpilot gearbeitet hatte, und trat Byrds Mannschaft bei. Dieses Team sollte bald vervollständigt werden durch Bertrand Acosta, der am 25. April 1927 mit Clarence Chamberlin in der Bellanca WB.2 Miss Columbia den Dauerrekord für Motorflüge mit über 51 Stunden in der Luft brach.

Nur einen Tag später verunglückten die Navy-Offiziere Noel Davis und Stanton Hall Wooster in ihrer dreimotorigen Keystone Pathfinder tödlich – gerade eine Woche vor ihrem geplanten Transatlantikstart. Auch Chamberlin wollte den Rekordversuch wagen, seine Bellanca Miss Columbia hatte ja ihre Zuverlässigkeit bewiesen. Allerdings wurde sein dafür vorgesehener Copilot Lloyd W. Bertaud von ihrem Arbeitgeber Charles A. Levine, dem Mitbesitzer der Columbia Aircraft Company, ausgebootet. Levine wollte an seiner statt mitfliegen. Bertaud schaltete die Gerichte ein, was den Start der Miss Columbia verzögerte.

Dann erhob sich am 8. Mai auf dem Flughafen Le Bourget die Levasseur PL-8 mit dem berühmten französischen Fliegerass Charles Nungesser am Steuerknüppel und François Coli als Copilot in die Lüfte. Die auf den Namen L'Oiseau Blanc getaufte Maschine wurde noch über der Normandie, Südengland und Irland gesichtet und verschwand dann. Bis heute ist unklar, ob Nungesser und Coli über dem Atlantik abstürzten oder es bis zum nordamerikanischen Kontinent schafften.

Umso schwerer wog diese Unkenntnis um die französischen Flieger am 11. Mai 1927, als die Geldgeber von Byrds Expedition diesem schlichtweg verboten zu starten, bevor das Schicksal der beiden Franzosen geklärt sei.

## Lindberghs Meisterstück

Nur einen Tag später traf auf dem Curtiss Field bei New York ein noch relativ wenig bekannter junger amerikanischer Postflieger mit seiner einmotorigen Ryan B-1 Brougham »The Spirit of St. Louis« von einem Langstreckenflug quer durch die USA ein. Es war Charles Lindbergh, der von allen Rekordfliegern das kleinste Budget und die geringste Flugerfahrung hatte. Er wollte allein fliegen und aus Gewichtsgründen auf viele Ausrüstungsgegenstände, u. a. auch auf den Fallschirm, verzichten. Am 19. Mai brachte Lindbergh seine Maschine auf das Flugfeld von Roosevelt Field, dessen längere Startbahn ihm von dem dort auf Starterlaubnis (seiner Geldgeber) wartenden Byrd zur Benutzung angeboten worden war. Am Tag darauf startete Lindbergh zu seinem spektakulären Rekordflug, der ihn in 33 Stunden und 30 Minuten nach Le Bourget – das noch nicht einmal auf seiner Karte verzeichnet war – brachte, wo er am 21. Mai um 22.22 Uhr landete. Der Jubel in Paris war unbeschreiblich, ebenso die plötzliche Popularität Lindberghs in den USA. Er wurde als Gewinner des Orteig-Preises anerkannt, was seine Konkurrenten aber nicht abhielt, ihre Rekordflüge zu starten.

Schon am 4. Juni waren Chamberlin und Levine abgehoben. Sie landeten nach über 42 Stunden und einer Flugstrecke von 3.905 nautischen Meilen bei Eisleben in Deutschland, das war neuer Langstreckenrekord. Byrd hatte mittlerweile seinem geplanten Transatlantikflug einen wissenschaftlichen »Anstrich« verliehen. Er nahm auf Kosten eines größeren Treibstoffvorrats eine Reihe von Messinstrumenten an Bord. Außerdem wurde er ganz offiziell als Air-Mail-Pilot vereidigt und lud in dieser Funktion einige Säcke Luftpost in die America. Jetzt, da der Orteig-Preis vergeben war, wollte Byrd gute Wetterverhältnisse abwarten, die kamen jedoch nicht. Der Medienrummel, den Byrd mithervorgerufen hatte, zeigte seine Schattenseiten: Byrd sah sich dem Drängen der Öffentlichkeit ausgesetzt.

Der norwegische Flugpionier Bernt Balchen im Jahr 1929. Foto: Library of Congress

Am frühen Morgen des 29. Juni 1927 rollte die America mit Byrd, Acosta, Noville und Balchen an Bord die speziell konstruierte Rampe herunter, die ihrem Start Schwung verleihen sollte. Die Startstrecke war lang, die Fokker hob so gerade eben ab: Acosta, der flog, hatte sich bereits auf eine Bruchlandung eingestellt und wollte Noville schon signalisieren, er solle den Treibstoff ablassen. Dann kam die Maschine aber vom Boden frei.

## Meisterlandung bei (fast) null Sicht

Kurz nach Mittag geriet in der Nähe von Halifax das Land außer Sicht. Die Maschine flog in schauriges Wetter hinein: Regen, Nebel und heftige Turbulenzen verlangten Acosta und Balchen, die sich am Steuerknüppel ablösten, alles ab. Noville verhedderte sich mit den Füßen in der Verkabelung des Funkgerätes, sodass der Funkkontakt zeitweilig abbrach. Noville überschlug den Spritverbrauch und stellte fest, dass er weit höher war als vorausberechnet. Daraufhin stellte Byrd seine Crewmitglieder vor die Frage, ob man den Flug nicht besser abbrechen solle. Alle wollten weiterfliegen. Noville berechnete den Treibstoffverbrauch noch mal nach und konnte dann Entwarnung geben, der verbliebene Vorrat war doch größer als zuerst angenommen. Dann schien er aber umso schneller dahinzuschwinden. Grund war ein Leck im Haupttank, das aber mit Dichtmasse geschlossen werden konnte.

Aufgrund schlechter Sicht war es Byrd, der navigieren sollte, von Zeit zu Zeit unmöglich, genau das zu tun (was er pflichtgemäß in seinem Logbuch festhielt). Das monotone Dröhnen der drei Wright-Whirlwind-Sternmotoren führte dazu, dass die Crewmitglieder nur noch schlecht hörten und fast schreiend kommunizieren mussten. Als die französische Küste in Sicht kam, versagte der Kompass, aber damit begannen die Probleme erst. In der Nähe von Brest in der Bretagne überflog die America am 30. Juni um 20.30 Uhr Ortszeit die Küste. Noville fing

Ein spezielle Rampe zum Herabrollen sollte den Start der Fokker America erleichtern.
Foto: NARA

Brandung und Souvenierjäger machten kurzen Prozess: Wrack der America nach der Landung bei Ver-sur-Mer.
Foto: Alte französische Postkarte

Fokker-Trimotor America als Modell im Gold Beach America Museum in Ver-sur-Mer. Foto: Geoff Leese

am Funkgerät einen Wetterbericht aus Le Bourget auf: Wolken und Sprühregen. Für die Nacht wurde Nebel vorhergesagt. Anstatt einer Eisenbahnlinie nach Paris zu folgen, wie Balchen es vorschlug, ließ Byrd Acosta, der gerade flog, einen anderen Kurs nehmen. Sie flogen die gesamte Küstenlinie bis zur Mündung der Seine entlang, bogen dann landeinwärts in Richtung Paris ab. Dieser Umweg von rund zwei Stunden kostete wertvollen Treibstoff und führte außerdem dazu, dass eine niedrige Wolkendecke vor der America in Paris eintraf. Byrd schrieb nachher, dass eben diese Wolkendecke eine Landung in Le Bourget unmöglich gemacht habe. Das deckt sich allerdings nicht ganz mit den Erinnerungen Chamberlins, der zu den in Le Bourget Wartenden gehörte. Seiner Ansicht nach war das nicht das Problem gewesen, die Wolken hätten nicht aufgelegen. Allerdings wussten die Flieger an Bord der America nicht genau, wo sie waren. Die Signalfeuer Le Bourgets und auch die dort regelmäßig abgeschossenen Signalraketen konnten sie nicht ausmachen. Balchen steuerte das Flugzeug. Im Gegensatz zu Acosta beherrschte er den Instrumentenflug. Für eine Landung war aber Bodensicht vonnöten, die schien es bei Paris nicht zu geben, also suchte man nach Lücken in der Wolkendecke. Um 0.30 Uhr empfing man in Le Bourget den Funkspruch, man habe noch für drei Stunden Treibstoff. An Bord setzte sich die Erkenntnis durch, eine Notwasserung im Ärmelkanal biete die besten Überlebenschancen. Die America nahm nordwestlichen Kurs.

Bei Le Havre setzte Byrds Crew einen Funkspruch ab, dass man nur noch sehr geringen Treibstoffvorrat habe und alsbald landen müsse. Da erkannte Balchen schemenhaft Lichter: Es war das normannische Städtchen Deauville. Einige Minuten weiter auf Westkurs konnte die Besatzung der America das Lichtsignal eines Leuchtturms erkennen: drei weiße Lichtblitze in schneller Folge. Das war der Leuchtturm von Ver-sur-Mer. Zu diesem Zeitpunkt war der Treibstoff fast gänzlich aufgebraucht. Zweimal ging Balchen auf Gegenkurs, um festzustellen, wo das Meer war. Er flog den Strand entlang, auf dem er Fischerboote sehen konnte. Er entschied sich zu einer Wasserlandung. Man feuerte Leuchtkugeln ab, um die Flughöhe über dem Wasserspiegel einschätzen zu können. Dann setzte Balchen die Maschine in einer fliegerischen Meisterleistung auf der Wasseroberfläche auf. Das Fahrwerk scherte ab, die Propeller brachen. Es war um 2.30 Uhr Ortszeit. Der Rumpf der Fokker versank sehr schnell fast bis zur Oberkante, die vier Flieger konnten sich ins Freie retten und mit einem Gummiboot ans Ufer rudern. Einige Ortsbewohner kamen zum Strand, die Crewmitglieder konnten sich ihnen aber nicht verständlich machen. Schließlich gingen sie zum einige Hundert Meter landeinwärts stehenden Leuchtturm. Hier empfing sie der Leuchtturmwärter Monsieur Lescop um 3.15 Uhr, was er pflichtbewusst im Logboch seines Leuchtturms vermerkte.

## Karriereschub

Leider konnte Byrd die Landung seines Flugzeugs nicht weitermelden, da es zwischen 18.00 und 8.00 Uhr in Ver-sur-Mer keinen Telefon- oder Telegrafendienst gab. Während Balchen mit Acosta im Leuchtturm blieb, begutachtete Byrd mit Noville nach Sonnenaufgang den Landeort und barg die Post sowie wichtige Papiere aus dem Flugzeug. Ein Teil der Postsäcke war völlig durchnässt. Später trafen Seeleute der französischen Marine ein und zerlegten das Flugzeug für einen Rücktransport in die USA. Bewohner der Umgegend hatten in bester Strandräubermanier begonnen, das Flugzeug auf der Suche nach Souvenirs auszuplündern. Ob sich Acosta bei der Landung bzw. dem Verlassen des Flugzeugs einen Bruch des Schlüsselbeins zugezogen hatte oder erst später, als die Flieger von jubelnden Massen umdrängt wurden, lässt sich nicht mehr sagen.

Der Empfang in Paris, das sie schließlich einen Tag später per Zug erreichten, war unbeschreiblich. Besonders Byrd sonnte sich in der ungeheuren Popularität, aber auch für Balchen brachte der Flug einen Karriereschub.

Im April 1928 gehörte er zusammen mit seinem nunmehr engen Freund Bennett zu den Piloten, die an den Rettungs- und Bergungsmaßnahmen der auf Greenly Island gestrandeten Bremen-Flieger teilnahmen. Der schwer kranke Bennett (er hätte nicht fliegen dürfen) kam in ein Hospital, wo er verstarb. Im November 1929 flogen Balchen (als Chefpilot), June, McKinley und Byrd in einer Ford Trimotor als erste Menschen über den Südpol, 1931 wurde Balchen zur Unterstützung eines Rekordvorhabens von Amelia Earhart angestellt. Balchen modifizierte die Rekordmaschine, mit der Earhart dann 1932 über den Atlantik flog. Einige Jahre später kehrte er nach Norwegen zurück, um in einer zivilen Luftfahrtgesellschaft zu arbeiten.

## Im Militärdienst

Im Jahr 1940 trat Balchen wieder den norwegischen Marinefliegern bei und wurde in die USA geschickt, um für die Organisation von flugtechnischem Nachschub zu sorgen. Mit der deutschen Besetzung Norwegens ab April 1940 änderte sich seine Funktion: Er sollte im Auftrag der norwegischen Exilregierung eine Trainingsbasis für norwegisches Flugpersonal in Kanada aufbauen. Nach Etablierung dieser Basis (»Little Norway«) flog Balchen geheime Missionen für die Royal Air Force, und im Zuge dieser Einsätze erreichte ihn die Anfrage von General »Hap« Arnold, der United States Army Air Force im Range eines Colonels beizutreten. Balchen folgte dieser Einladung und baute zwei hoch geheime US-Luftwaffenstützpunkte in Grönland auf.

Am 9. November 1942 wurde ein B-17-Bomber vermisst gemeldet, 15 Tage später konnte Balchen das auf einem gefährlichen Gletscher bruchgelandete Flugzeug orten. Die nachfolgende Rettungsmission über Land und aus der Luft kostet fünf Menschenleben. Die schweren Verletzungen eines Besatzungsmitglieds mahnten zur Eile, und so landete Balchen ein PBY-Catalina-Flugboot auf dem Gletscher, und zwar so gekonnt, dass die Maschine wieder startfähig war. Für diesen Einsatz erhielt er das Distinguished Flying Cross. Am 7. Mai 1943 startete eine B-24 Liberator mit Balchen am Steuerknüppel nebst einigen Begleitflugzeugen zum Angriff auf die einzige deutsche Wetterstation auf Grönland.. Danach erhielt Balchen das Kommando über eine aus zehn C-47 Dakotas bestehende Staffel, die auf einem Flugplatz im neutralen Schweden stationiert war. Ihre Aufgabe war es, Norweger und anderes alliiertes Personal aus Schweden nach England aus- und im Gegenzug militärisches Material für die norwegischen Exilverbände in Schweden einzufliegen.

Von 1948 bis 1951 kommandierte Balchen die 10th Rescue Squadron der US Air Force in Alaska. Im Jahr 1949 unternahm er mit einer viermotorigen Transportmaschine einen Flug über den Nordpol und wurde damit der erste Mensch, der beide Pole

Balchens PBY Catalina nach der Landung auf dem grönländischen Inlandeis. Foto: U.S. Air Force

überflogen hatte. Unter Balchens Leitung stand die Errichtung der Thule Air Base in Grönland, die dem Strategic Air Command eine erheblich größere Reichweite verlieh. Nach seinem Abschied bei der Air Force im Jahr 1956 arbeitete Balchen an verschiedenen Firmenprojekten.

Im 1958 erschien seine Autobiografie »Come North with Me«. Balchen starb am 17. Oktober 1973 in Mount Kisco, USA. ■

Der Autor dieses Artikels ist dem leider inzwischen verstorbenen Monsieur Jean-Pierre Dupont vom America Gold Beach Museum in Ver-sur-Mer, der mir mit seinen Hinweisen eine Darstellung der Ereignisse ermöglichte, zu großem Dank verpflichtet.

Bernt Balchen als Colonel der amerikanischen Luftwaffe um 1950. Foto: Library of Congress

# Carrier Onboard Delivery extrem

## Mit der Hercules auf einen Flugzeugträger

Heiko Thiesler

**Das wichtige Aufgabenfeld der Versorgung amerikanischer Flugzeugträgerverbände als Carrier Onboard Delivery wird seit Jahrzehnten zuverlässig von verschiedenen Flugzeugtypen abgedeckt. Spektakulär muteten 1963 Starts und Landungen mit einer viermotorigen KC-130 Hercules auf der USS FORRESTAL an, um eine mögliche Eignung des Flugzeugs für diese Aufgaben auszuloten.**

Die U.S. Navy hatte nach dem Zweiten Weltkrieg mit der Carrier Onboard Delivery (COD) ein neues Aufgabengebiet für ihre Flugzeugträgerverbände eingeführt. Es sollte die Versorgung der Flugzeugträger und der dazugehörigen Einheiten mit Post, Fracht, dringend benötigten Teilen und ganzen Baugruppen wie etwa Triebwerken verbessern oder mehrere Passagiere von Landstützpunkten

Die Crew der Hercules sowie weitere Programmbeteiligte nach den Testreihen im November 1963. Foto: National Museum of Naval Aviation Pensacola

Die Hercules ist mit gut 40 m Spannweite und knapp 30 m Länge kein kleines Flugzeug für trägergestützte Einsätze.
Foto: National Museum of Naval Aviation Pensacola

Für die Testreihen mit der Hercules wurde ein zusätzlicher weißer Streifen als Mittellinie auf das Axialdeck der FORRESTAL aufgetragen.
Foto: National Museum of Naval Aviation Pensacola

zum Trägerschiff bzw. in die umgekehrte Richtung befördern. Die Nützlichkeit dieser COD-Flugzeuge wurde schnell erkannt, wenngleich die Zuladung oder deren Umfang anfangs nicht so groß ausfielen. Zu COD-Maschinen umgerüstete Avenger- sowie Skyraider-Angriffsflugzeuge waren ebenso wie Hubschrauber in den Parametern Nutzlast und Reichweite limitiert, sodass die US-Marine ein leistungsfähigeres Muster forderte. Die 1955 erstmals geflogene Grumman C-1 Trader spielte bis Mitte der 1980er-Jahre eine wichtige Rolle als COD-Flugzeug der US-Flugzeugträgerverbände, wurde aber schon seit den 1960er-Jahren durch die größere Grumman C-2 Greyhound ergänzt und ersetzt. Die konnte 4.500 kg Nutzmasse im Flugzeugträgerbetrieb oder 39 Passagiere bzw. 20 Krankentragen aufnehmen und erreichte damit eine Reichweite von knapp 2.000 km. Inzwischen erfüllen auch Tiltrotorflugzeuge CMV-22 Osprey die Carrier Onboard Delivery, um zugleich die C-2 Greyhound abzulösen. Dabei kann die Nutzlast des Osprey bis zu 9.000 kg betragen. Für noch größere Nutzlasten fanden seitens der U.S. Navy schon in den 1960er-Jahren spektakuläre Versuche statt, die eindeutig ins Extrem vorstießen und bis heute einen bisher einmaligen Aspekt in der Marinefliegerei und der gesamten Luftfahrtgeschichte darstellen.

## Lockheeds Hercules als Super COD

Die 1955 bis 1959 in Dienst gestellten, über 75.000 Tonnen verdrängenden Superträger der neuen »Forrestal«-Klasse, namentlich die USS FORRESTAL, SARATOGA, RANGER und INDEPENDENCE, warfen die Frage auf, ob noch größere COD-Flugzeuge noch mehr und gleichfalls effektiv Transportaufgaben übernehmen könnten. Dazu sollte das Naval Air Test Center in Patuxent River, Maryland, und die dort beheimatete Transportstaffel VR-1 ein Programm entwickeln, das einer Lockheed C-130 Hercules die Landung auf und später auch wieder den Start von einem Flugzeugträger ermöglichte. Die Hercules war mit über 40 Metern Spannweite und einer Länge von knapp 30 Metern ein wirklich großer Brocken, bot aber zugleich eine hohe Nutzlast im Einklang mit großer Reichweite. Die Idee der Super Carrier Onboard Delivery war geboren.

Die Hercules ist seit Langem selbst ein Flugzeug der Superlative. Nach dem Erstflug im August 1954 und der nachfolgend aufgenommenen und bis heute laufenden Serienproduktion entwickelte sich aus ihr das erfolgreichste mittlere Transportflugzeug. Bis heute wurde es gut 2.500-mal gebaut und an knapp 70 Staaten weltweit verkauft. Neben der normalen Transportausführung gibt es unzählige Varianten einschließlich der KC-130 als fliegender Tanker. Für die Versuche als Super-COD wurde seinerzeit ein auf der Marine Corps Air Station Cherry Point, North Carolina, stationierter Tanker KC-130F mit der Baunummer 149798 ausgewählt und nachfolgend geringfügig modifiziert.

Das Marine Corps hatte der Navy die KC-130F »149798« für die kommenden Versuche am 8. Oktober 1963 überlassen, einige Modifikationen schlossen sich fürs Erste im Lockheed-Werk in Marietta, Georgia, an und nahmen drei Tage in Anspruch. So wurden die Betankungsbehälter unter den Tragflächen entfernt, das Fahrwerk erhielt ein verbessertes Hytrol-Antiblockiersystem, das üblicher-

Für einen Start vom Flugzeugträger nimmt die Hercules Fahrt auf. Die Schiffsbrücke befindet sich in nur geringem Abstand zum Flugzeug. Foto: National Museum of Naval Aviation Pensacola

Die KC-130F mit der Seriennummer 149798 war das bisher größte und schwerste Flugzeug, das jemals von einem Trägerschiff gestartet und auch auf diesem gelandet ist. Foto: National Museum of Naval Aviation Pensacola

weise vom Airliner Boeing 727 verwendet wurde, und für eine sanftere Landung wurde die Zufuhr von Hydraulikflüssigkeit am Bugfahrwerk mittels einer kleineren Öffnung feiner dosiert. Außerdem wurde im Cockpit ein Präzisionsgeschwindigkeitsmesser installiert, einen für Deckslandungen üblichen Fanghaken gab es dagegen nicht.

## Vierköpfige Crew für die Testreihen

Für die Testflüge mit der KC-130F »149798« wurde eine vierköpfige Crew ausgewählt, die von James H. Flatley III. angeführt wurde. Die Wahl fiel auf ihn, weil er als Kampfpilot über Erfahrungen mit Trägerlandungen und dem Betrieb an Bord von Flugzeugträgern verfügte. Es selbst sagte später: »Es war einfacher, einen erfahrenen Trägerpiloten eine C-130 fliegen zu lehren, als einem erfahrenen C-130-Piloten den Landeanflug auf ein Trägerschiff beizubringen.« Immerhin hatte Flatley bis dahin keine Hercules geflogen, und er fungierte zum ersten Mal als Testpilot. »Es war mein erster Einsatz als Testpilot in einem einzigartigen Auftrag. Über das Flugzeug selbst gab es nicht viel zu lernen, lediglich es fliegen zu können, war gefordert. Es war ein schönes und einfaches Flugzeug, und das Handling wirklich gut«, urteilte Flatley über die Hercules. Der Copilot W. W. Stovall verfügte ebenfalls über weitreichende Erfahrungen mit Kampfflugzeugen und war schon in der Vergangenheit in verschiedene Testreihen involviert. Edward F. Brennan wurde als Bordingenieur ausgewählt, da er sich gut mit der Hercules als Flugzeug auskannte und von der Transportstaffel VR-1 kam. Schließlich vervollständigte Lockheed-Testpilot Ted H. Limmer Jr., der die Hercules bereits in früheren Erprobungsflügen gesteuert hatte, die Besatzung.

Im Naval Air Test Center in Patuxent River studierte die Crew dann mit der leicht modifizierten KC-130 als Erstes eine drastische Reduzierung der Sinkrate für eine optimale Start- und Landetechnik ein. Die maximale Sinkgeschwindigkeit wurde auf 2,75 m pro Sekunde limitiert und lag damit sogar noch unter der des trägergestützten, seinerzeit eingesetzten COD-Flugzeugs C-1 Trader. Insgesamt 55 Flugstunden standen für die Erprobung in Patuxent River zur Verfügung, die Sinkrate konnte dabei sogar auf 1,70 m pro Sekunde reduziert werden. Neben dem Üben von Kurzstarts und -landungen wurden auch die Langsamflugeigenschaften des Flugzeugs ausgelotet. Im Speziellen ging es um das Start- und Landeverhalten, wenn die Hercules die für die Tests auf dem Flugzeugträger geplante Flugmasse zwischen 36.000 und 55.000 kg aufwies.

Die Hercules ist gerade vom Axialdeck des Trägerschiffes gestartet.
Foto: National Museum of Naval Aviation Pensacola

Für die Versuche wurde der Flugzeugträger USS FORRESTAL (CVA-59) ausgewählt, wobei außerhalb der Testreihen ein normaler Betrieb auf dem Flugdeck inklusive Trägerqualifikationen aufrechterhalten werden sollte. Der gesamte Bordbetrieb wurde dabei akribisch geplant und überwacht. Für die Versuche mit der Hercules wurde das Flugdeck des Schiffes aber weitgehend beräumt, und sämtliche Fangseile wurden entfernt. Zusätzlich trugen 20 Crewmen der V-1-Abteilung eine breite, weiße Linie auf das Axialdeck der FORRESTAL auf, um der Flugzeugbesatzung eine Orientierung zur Start- und Landerichtung zu geben. Zur Dokumentation der Versuche wurden an zahlreichen Punkten des Schiffes Kameras installiert.

## Windige Tests am 30. Oktober 1963

Am 30. Oktober 1963 war es dann so weit, die Navy hatte die ersten reellen Tests mit der KC-130F und der USS FORRESTAL anberaumt. Der Flugzeugträger verließ zusammen mit vier weiteren Schiffen der US-Marine die Küste Floridas nahe Jacksonville. Bis 7.33 Uhr wurden 35 Flugzeuge vom Deck der FORRESTAL gestartet, nachfolgend die Fangseile entfernt. Es herrschte unruhiges Wetter mit Windgeschwindigkeiten von 40 Knoten (ca. 74 km/h) und zum Teil noch stärkeren Böen, die einen Wellengang erzeugten, der das Schiff und das dazugehörige Flugdeck bis zu sechs Meter auf und ab schaukeln ließ. So war das Meer lediglich alle zwei, drei Minuten ruhig und das Können eines erfahrenen Piloten von trägergestützten Flugzeugen gefragt. Schließlich führte Flatley mit der Hercules von 8.05 Uhr bis 10.23 Uhr ganze 42 Anflugversuche durch, bei denen insgesamt 19 als Touch-and-Goes, dem simulierten Landeanflug mit Bodenberührung und anschließendem Durchstarten, glückten. Die FORRESTAL hatte dabei verschiedene Kurse bei verschiedenen Geschwindigkeiten von fünf bis maximal

Hier befindet sich die Hercules im Landeanflug auf das Trägerdeck der FORRESTAL. Im Hintergrund kann man einen A-3B-Bomber erkennen, bis dahin das schwerste Flugzeug im Trägerbetrieb.
Foto: National Museum of Naval Aviation Pensacola

15 Knoten gefahren, die Touch-and-Go-Versuche fanden zunächst auf dem kleineren Winkel- und danach auf dem Axialdeck statt. Mit 310 Meter Länge wurde das Axialdeck der FORRESTAL als künftige Plattform für die tatsächlichen Start- und Landeversuche bestimmt, die noch vor Jahresende, in der zweiten Hälfte des Novembers, durchgeführt werden sollten. Ein Tag nach den ersten Versuchen gab es in Patuxent River eine umfassende Auswertung der ersten Tests, wobei die Daten gute Ergebnisse offenbarten.

Schon am 8. November stieß die FORRESTAL wiederum von Florida aus in See und fuhr zusammen mit zwei weiteren Schiffen hinauf zur Küste Virginias, um zunächst drei weitere Touch-and-Goes zu absolvieren. Insgesamt 40 Flugzeuge hatten das Trägerschiff am Morgen des 8. November verlassen und machten Platz für weitere Versuche mit der Hercules. An diesem Tag sollte die Hercules auch zum ersten Mal auf dem Flugzeugträger landen und das bis heute größte und schwerste Flugzeug werden, das je auf einem Schiff zum Stehen kam.

## Hercules kommt nach 81 Metern zum Stehen

Die See bot diesmal bessere Bedingungen. Um den Wind zusätzlich abzuschwächen und eine gewisse Stabilität zu gewährleisten, erhöhte die FORRESTAL ihre Geschwindigkeit auf mindestens zehn Knoten. Ein wichtiger Faktor war neben einer geringen Sinkrate zudem eine starke Verringerung der Landegeschwindigkeit. Während eine KC-130 normal mit etwa 230 km/h aufsetzt, reduzierte Flatley bis auf 146 km/h. Des Weiteren lieferte Landing System Officer Jerry Daugherty an Bord des Flugzeugträgers ein tolles Zusammenspiel mit James H. Flatley ab, als er von seiner üblichen Position aus erst bei knapp drei Meter Flughöhe über dem Deck das Zeichen für die Schubumkehr gab. Praktisch im letzten Moment, aber genau richtig, wurde damit durch die Verstellung der Propellerblätter das Flugzeug abgebremst und die Landestrecke auf sensationelle 81 Meter verkürzt. »Wir stoppten so schnell, ich dachte, es wäre ein Traum. Die Landung glich der auf einer normalen Piste, allerdings erschien die Schiffsbrücke erschreckend nah«, kommentierte Bordingenieur Ed Brennan seine erste Landung auf einem Flugzeugträger. Das Landegewicht der KC-130F hatte dabei rund 38.500 kg betragen. Nach dem Start des Flugzeugs wurden am 8. November 1963 drei weitere Landungen und Starts an Bord der FORRESTAL absolviert, die Tests schließlich gegen neun Uhr morgens beendet.

Die Start- und Landeversuche der Hercules auf dem Trägerschiff fanden am 21. November ihre Fortführung, bei unterschiedlichen Geschwindigkeiten und mehreren Kursänderungen war die FORRESTAL wieder im Nordatlantik unterwegs. An diesem Tag wurden insgesamt zehn Starts und Landungen vollführt und am nächsten noch einmal sieben. Hierbei übernahm Kopilot Stovall dreimal die Landung der KC-130 auf dem Flugzeugträger. Der Kapitän der FORRESTAL räumte den Versuchen feste Zeiten – meist um die zwei Stunden Dauer – ein, um innerhalb von Trägerqualifikationen einen normalen Flugbetrieb zu gewährleisten. Das Deck der FORRESTAL war während der Versuche clean, also außer den Fang-

Der Abstand des Flugzeugs zur Schiffsbrücke ist bemerkenswert gering. Die Hercules diente übrigens noch bis zum Frühjahr 2005 beim U.S. Marine Corps und konnte zum Schluss 26.220 Flugstunden verbuchen. Foto: National Museum of Naval Aviation Pensacola

In der Aufnahme rechts sind gut die Platzverhältnisse zu sehen, die der Flugzeugträger dem Testprogramm mit der Hercules zu bieten hatte. Das Deck wurde dafür komplett beräumt und die Fangseile wurden entfernt. Foto: National Museum of Naval Aviation Pensacola

seilen auch die meisten Flugzeuge inklusive Personal im Schiffsinnern untergebracht oder zu Übungsflügen gestartet. Innerhalb der Testreihen startete und landete die Hercules mit verschieden großen Massen. Da es sich um ein Tankflugzeug handelte, konnte man die Masse durch Auf- oder Abfüllen von Kraftstoff in den Tanks recht unkompliziert variieren. Mit 54.885 kg setzte »149798« mit der höchsten Landemasse auf und wurde zum schwersten, jemals auf einem Flugzeugträger gelandeten Flugzeug. Durch die erhöhte Masse kam die Maschine dabei erst nach 140 Metern zum Stehen. Noch einmal elf Meter kamen dazu, als während eines Landeversuchs ein kurzer Regenschauer auf das Deck niederging. Die Startmasse betrug meist um die 41.000 kg und ließ die Hercules nach 100 Metern abheben, wobei sogar das Winkeldeck dafür ausreichte. Mit über 54.000 kg Startmasse benötigte man dann schon ganze 227 Meter. Innerhalb der letzten Testreihen brachte Flatley den Tanker einmal nach knapp 84 Meter Landestrecke zum Stehen, um gleich wieder vollen Schub zu geben und erneut zu starten. Der Start gelang problemlos, allerdings waren es höchstens noch 30 Meter bis zum Ende des Flugdecks.

## Operationeller Einsatz des Super-COD zu riskant

Die vierköpfige Crew von »149798« hatte während der vier Tage auf See insgesamt 29 Touch-and-Goes sowie 21 vollständige Landungen und Starts absolviert. Anflugwinkel, Sinkrate und Landegeschwindigkeit mussten gegenüber einem regulären Einsatz modifiziert werden, hinzu kamen Anpassungen an unterschiedliche Windgeschwindigkeiten und Wellengänge. Die eindrucksvollen Versuche waren erfolgreich und zeigten grundsätzlich die Machbarkeit eines Super-COD auf, das im Einsatz den Transport von bis zu 11.000 kg Nutzmasse über eine Entfernung von 4.000 km vorsah. Allerdings muss man auch Abstriche machen. Während der Versuche gab es keine weiteren Betriebsamkeiten auf dem Flugdeck, wie sie ansonsten im reellen Einsatzalltag stattgefunden hätten. Eine Hercules hätte viel Platz benötigt, Einschränkungen des gesamten Bordbetriebes wären sicher die Folge gewesen. Unter Deck war der Platz begrenzt, entsprechend große Aufzüge gab es nicht. Außerdem waren die Fangseile entfernt und ein rutschsicherer Belag auf das Flugdeck aufgetragen worden. Ein operationeller Einsatz erschien der U.S. Navy damit zu riskant, immerhin kam die KC-130 mit ihrem Tragwerk bis zu vier Meter an die Schiffsbrücke heran. So sollte künftig die C-2 Greyhound die Carrier Onboard Delivery gestalten, eine etwas kleinere Maschine, die wie eingangs erwähnt bis heute ihren Dienst versieht.

Im Jahr 1963 hatten die Testreihen an Bord der FORRESTAL am Nachmittag des 22. November geendet, die Trägerqualifikationen nahmen wieder ihren Lauf und führten in den folgenden Stunden mehrmals zu Kursänderungen. In Europa war bereits der 23. November angebrochen, der Tag, an dem auch die Flaggen auf der USS FORRESTAL auf Halbmast hingen, nachdem Präsident John F. Kennedy in Dallas einem Attentat zum Opfer gefallen war. ■

# Grauer Wolf gegen Blimp

## Duell in der Floridastraße

Hagen Seehase

K-Class-Blimp, festgemacht an einem transportablen Landemast 1944, eine kopfstarke Haltemannschaft steht unter dem Bug des Luftschiffes.
Foto: U.S. Navy

**Lieutenant Grills entschloss sich unter eklatanter Missachtung der Vorschriften zum Angriff. Damit brachte er sein »Fahrzeug«, seine Männer und sich selbst in höchste Gefahr. Allerdings sah er keine andere Möglichkeit, die ahnungslose Besatzung eines Frachters vor einem vermutlich fatalen Feindüberfall zu retten.**

### Blimps bei der U.S. Navy

Auf See kam es im Zweiten Weltkrieg zu vielen ungleichen Duellen: U-Boot gegen Zerstörer, Torpedoflugzeug gegen Kreuzer, Schlachtschiff gegen Küstenbatterie usw. Die wohl bizarrste Begegnung stellt aber wohl der Zweikampf zwischen U-134, einem U-Boot des Typs VII C der deutschen Kriegsmarine, und K-74, einem Luftschiff der U.S. Navy, am 18. Juli 1943 dar.

Die U.S. Navy war zu dieser Zeit der größte Betreiber von Luftschiffen weltweit. Ihre beiden als fliegende Flugzeugträger konzipierten Starrluftschiffe »USS Akron« und die »USS Macon« sind bis heute die größten je gebauten Luftschiffe hinter den deutschen Zeppelinen LZ 129 und LZ 130, hatten aber den großen Vorteil einer Heliumfüllung. Durch Flugunfälle gingen sie 1933 bzw. 1935 verloren. Prallluftschiffe wurden weiterhin verwendet.

Weitgehend unbekannt ist die Tatsache, dass die amerikanische Kriegsmarine Prallluftschiffe (d. h. solche ohne inneres Tragegerüst, auch »Blimps« genannt) in großem Ausmaß zur Aufklärung und Konvoisicherung während des Zweiten Weltkriegs einsetzte. Die Blimps flogen während des Krieges 37.000 Einsätze. Mit 136 gebauten Luftschiffen war die K-Klasse, zu der auch K-74 gehörte, der meistgebaute Luftschifftyp.

Die Vorteile dieses 76,6 Meter langen Luftfahrzeugs liegen auf der Hand: Mit 125 km/h Höchstgeschwindigkeit konnte es feindliche U-Boote verfolgen, hatte 3.600 Kilometer Reichweite und konnte bei ökonomischer Geschwindigkeit 38 Stunden in der Luft bleiben. Die bis zu zehn Mann starke Besatzung konnte mit den vier mitgeführten Wasserbomben von jeweils

In der Gondel eines Navy-Blimps. Die U.S. Navy war während des Zweiten Weltkriegs der einzige Betreiber von Prallluftschiffen. Foto: U.S. Navy

K-Class-Blimp der U.S. Navy wird für einen Einsatz fertiggemacht, gut erkennbar ist der MG-Stand oberhalb der Pilotenposition. Foto: NAR

160 Kilogramm Gewicht getauchte U-Boote angreifen oder deren Position für eigene Überwasserstreitkräfte markieren. Mittels des bordeigenen Radars war man in der Lage, aufgetauchte U-Boote zu lokalisieren, manche Blimps hatten auch Magnetfelddetektoren, mit denen man unter günstigen Bedingungen sogar U-Boote auf Tauchfahrt lokalisieren konnte. Die Bewaffnung wurde durch ein Browning-MG im Kaliber .50 komplettiert.

Auf gar keinen Fall sollten Luftschiffe jedoch aufgetauchte U-Boote attackieren. Dass der Kommandant von K-74 es trotzdem tat, hatte gute Gründe, aber auch dramatische Konsequenzen.

## Die Feindfahrt von U 134

Kapitänleutnant Hans-Günther Brosin lief mit U 134 am 10. Juni 1943 um 8.15 Uhr aus dem französischen Hafen La Pallice aus. Eine Brennstoffversorgung erfolgte durch U 170 (am 25. Juni), dabei wurden 42 Kubikmeter Diesel übernommen. Ein Aufklärer der U.S. Navy sichtete das U-Boot in der Nähe der Bermuda-Inseln. Trotz des Angriffs mit Wasserbomben und Bordmaschinengewehren blieb U 134 ohne Schäden und setzte den Marsch fort. Das geschah am 8. Juli. Nur zehn Tage später erfolgte eine erneute Sichtung, diesmal erfasste K-74 mit Radar das U-Boot in der Höhe von Havanna in der Floridastraße. Es war Mitternacht, das Luftschiff befand sich auf Patrouillenfahrt in der Nähe zweier Schiffe (ein Frachter und ein Tanker). K-74 war nicht autorisiert, alleine einen Angriff auf ein feindliches U-Boot zu unternehmen. Der Befehl in solchen Fällen lautete, Fühlung zu halten und Luftstreitkräfte oder Überwasserstreitkräfte zur eigentlichen U-Boot-Bekämpfung anzufordern und auf das Ziel einzuweisen. Allenfalls durften

Ein Blimp der U.S. Navy und Spitfires der Royal Air Force auf einem südfranzösischen Flugfeld, die Aufnahme stammt vom Herbst 1944. Foto: Royal Air Force

getauchte U-Boote mit Wasserbomben bekämpft werden. U 134 fuhr aufgetaucht und war offenbar im Begriff, eines der beiden oben erwähnten Schiffe anzugreifen. Der Luftschiffkommandant Lieutenant Nelson G. Grills sah keine Möglichkeit, eigene Überwasser- oder Luftstreitkräfte rechtzeitig heranzuführen und entschied sich (vorschriftswidrig) für den Angriff.

Er brachte damit seine Besatzung, alles Navy-Reservisten wie er selbst, in große Gefahr, fürchtete aber um die beiden Schiffe, denen nur er allein rechtzeitig zu Hilfe kommen konnte. Navigator Darnley, Copilot John Jandrowitz, die Maschinisten Isadore Stessel, Jonathan L. Schmidt, die Funker Robert Herbert Bourne, John F. Rice und Gerrold M. Giddings, der Waffenspezialist Garnet Eckert und Seemann John W. Kowalski gingen auf Gefechtsstation.

## Gegen die Vorschriften

Während sein Blimp das U-Boot in relativ geringer Höhe überflog, deckte der MG-Schütze Garnet Eckert U-134 mit heftigem Feuer ein. Nach 100 Schuss aber befand sich das Luftschiff schon so steil über dem Unterseeboot, dass der MG-Schütze die Waffe nicht mehr weiter nach unten richten konnte und das Feuer einstellen musste. Gleichzeitig warf Isadore Stessel zwei Wasserbomben ab, die das U-Boot jedoch nicht versenken konnten. Wer noch eine Hand frei hatte, schoss mit seiner Pistole auf das U-Boot, was aber nicht viel bewirkte.

Ein zweiter Anlauf war nötig. Grills entschied sich für diesen zweiten Angriff, obwohl er wusste, dass es jetzt haarig werden würde. Denn nun eröffnete die Flak des U-Bootes das Feuer, und bei einem Ziel, das leichter zu treffen ist als das sprichwörtliche Scheunentor, schoss sie nicht daneben. Die Steuerbordma-

Prallluftschiff der M-Klasse wirft Wasserbomben, nach Dienstvorschrift durften nur getauchte Ziele angegriffen werden. Foto: NARA

Ein Blimp eskortiert einen Frachter im Jahr 1944, tatsächlich war der Schutz durch Blimps sehr wirkungsvoll, nur wenige durch diese Prallluftschiffe geschützte Konvois verloren Schiffe durch U-Boot-Angriffe. Foto: U.S. Navy

Beim Pralluftschiff K-1 der U.S. Navy ist zu erkennen, dass die Hülle nur durch den Innendruck der Gasfüllung ihre Form erhält. Foto: NARA

schine des Blimps wurde zerschossen, bald strömte auch Helium aus, und das Luftschiff begann, auf die Meeresoberfläche zu sinken. Es gelang noch, per Funk ein SOS abzusetzen. Die zehn Mann starke Crew verließ K-74, als der Blimp auf dem Wasser auftraf. Lieutenant Grills überzeugte sich, dass alle Mann von Bord waren, dann kletterte er ein letztes Mal in die Gondel und stellte sicher, dass alles Geheimmaterial über Bord geworfen worden war. Was er zu diesem Zeitpunkt noch nicht wissen konnte: Er hatte den beiden Schiffen Gelegenheit verschafft zu entkommen.

Als Grills die Führergondel verließ, musste er feststellen, dass der Rest seiner Mannschaft verschwunden war. Er versuchte schwimmend sein Glück und hatte tatsächlich davon eine ganze Menge: Mehr aus Zufall entdeckte ein Besatzungsmitglied eines anderen Luftschiffes den im Meer Treibenden. Grills wurde einige Stunden später vom U-Boot-Jäger SC-657 gerettet. Die anderen Besatzungsmitglieder waren zusammengeblieben und wurden am nächsten Morgen von einem Grumman-J4F-Amphibienflugzeug gesichtet. Da die See aufgewühlt war, konnte das Flugzeug nicht wassern. Es rief den Zerstörer USS DAHLGREN herbei, ein Rennen gegen die Zeit, da die Region haiverseucht ist.

Nur wenige Minuten vor dem Eintreffen der DAHLGREN griff ein Hai Maschinist Stessel an und tötete ihn. Die Besatzung des anlaufenden Zerstörers deckte nun jede Rückenflosse mit einem wahren Bleigewitter aus Gewehren und Maschinenpistolen ein, man konnte den Rest der Mannschaft unversehrt an Bord nehmen.

## Das Ende für U 134 – und die Blimps der Navy

Am U-Boot wurden bei dem Angriff von K-74 Ballasttank Nr. 5 und Tauchzelle Nr. 4 beschädigt. Kapitänleutnant Hans-Günther Brosin ließ trotzdem tauchen, weil er feindliche Kriegsschiffe in der Gegend vermutete. Später tauchte er auf und stellte zu seiner Überraschung fest, dass die Gondel des Blimps immer noch schwamm. Mitglieder der U-Boot-Besatzung kletterten hinein und fotografierten Ausrüstungsteile. Dann lief U-134 ab.

Das Boot wurde am 24. August 1943 in der Biskaya von einem britischen Vickers-Wellington-Bomber der Squadron 179 mit Suchscheinwerfern angestrahlt und dann mit sechs Wasserbomben versenkt. Nach anderen Quellen war es die Fregatte HMS ROTHER, die das U-Boot versenkte. Im Ergebnis macht das keinen Unterschied: Es war ein Totalverlust mit 48 Toten.

Auf der anderen Seite blieb K-74 der einzige Verlust eines Luftschiffes der U.S. Navy im Zweiten Weltkrieg durch Feindeinwirkung. Stessel (der posthum ausgezeichnet wurde) ist der einzige Luftschiffer der amerikanischen Marine, der bei einem Feindflug ums Leben kam. Im Oktober 1943 erhielten viele Blimps der Navy Kugelblenden am Heck der Gondel, die für die Aufnahme eines modifizierten BAR-Maschinengewehrs vorgesehen waren. Diese BAR-Variation verfügte über ein anderes Visier und war mit 40-Schuss-Magazinen ausgestattet.

Der letzte Blimp der U.S. Navy – K-43 – wurde erst im März 1959 außer Dienst gestellt. ■

Naval Air Station Lakehurst (New Jersey) im Oktober 1942: ein K-Type Blimp der U.S. Navy. Foto: NARA

# 100 Jahre Flugsimulation

## Vom Link-Trainer zum Full-Flight-Simulator

Tim F. Kramer

Link-Trainer (»Blue Box«) im National Museum of the United States Air Force. Foto: U.S. Air Force

**Als Edwin Albert Link der Öffentlichkeit Ende der 1920er-Jahre ein rudimentäres Bodenübungsgerät zur Ausbildung von Piloten präsentierte, das er aus Orgelteilen zusammengebaut hatte, die aus der Fabrik seines Vaters stammten, wurde er zunächst noch belächelt. Niemand konnte zu dieser Zeit ahnen, dass er damit den Grundstein für eine milliardenschwere Industrie legen würde, die die Pilotenausbildung weltweit grundlegend verändern sollte. Heute gilt Link als Pionier der modernen Flugsimulation.**

Bereits im Ersten Weltkrieg hatte man mit Zielübungsgeräten für Piloten experimentiert, und es entstanden erste Bodentrainer, die die Steuerkräfte eines Flugzeugs sowie verschiedene Fluglagen simulieren konnten. Zu nennen sind hier etwa der Sanders Trainer oder das Antoinette-Fass aus dem Jahr 1910. Diese ersten Geräte waren jedoch alle noch sehr simpel aufgebaut und teils auf Wind angewiesen, um die Steuerflächen zu bewegen. Pneumatische Aktuatoren zur Simulation der Steuerkräfte folgten erst in den 1920er-Jahren und hier konnte Edwin Link seine Erfahrungen aus dem Orgelbau nutzen, um das System zu perfektionieren.

Mit dem »Antoinette-Fass« aus dem Jahr 1910 konnten einfache Steuerbewegungen simuliert werden. Es gab jedoch noch keine Darstellung der Instrumente, weshalb der Nutzen sehr beschränkt war. Foto: Greenyer, 2008

## Der Link-Trainer

Link hatte seine Pilotenausbildung Anfang der 1920er-Jahre begonnen und soll die erste jemals ausgelieferte Cessna in Empfang genommen haben. Mit der Konstruktion seines Trainers begann er 1927, weshalb man dieses Jahr als den eigentlichen Startschuss für die moderne Flugsimulation sehen kann. Der erste Simulator bestand im Wesentlichen aus einer Holzbox in der Form einer Flugzeugzelle – inklusive Cockpit und Rundinstrumenten – auf einem Kardangelenk, das auf einer Basis am Boden befestigt war. Für die Simulation der Steuerkräfte, die Bewegung der Zelle, aber auch für die korrekte Anzeige der Fluglage auf den Instrumenten des Trainers nutzte Link pneumatische Orgelmechaniken mit einer elektrischen Pumpe aus der »Link Piano and Organ Company« seines Vaters. Das Gerät wurde schnell zum kommerziellen Erfolg, zunächst allerdings eher auf Jahrmärkten, wo man es als Spielzeugattraktion betrachtete.

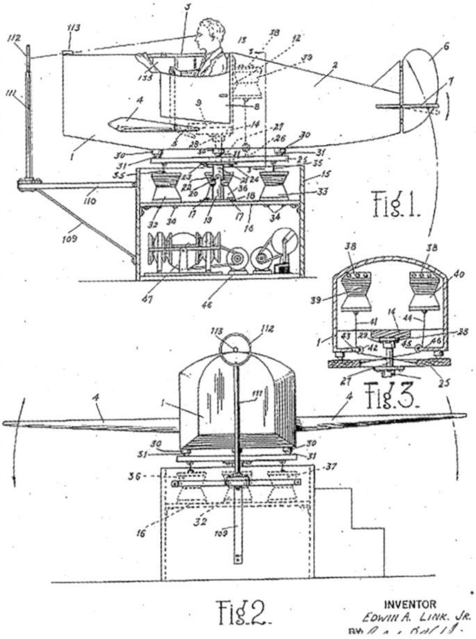


Patentzeichnung des Link-Trainers aus dem Jahr 1930. Foto: Edwin Link – U.S. Patent 1,825,462, gemeinfrei

Das änderte sich jedoch, als das U.S. Army Air Corps 1934 begann, Postflüge für das U.S. Post Office zu übernehmen, und innerhalb von vier Monaten zwölf (einige Quellen sprechen auch von 13) Piloten ums Leben kamen, weil sie keine ausreichende Instrumentenflugausbildung für den Blindflug bei Nacht oder schlechtem Wetter erhalten hatten. Man brauchte hierfür dringend eine Lösung. Link demonstrierte die Fähigkeiten seines Trainers – für den er inzwischen ein Patent angemeldet hatte –, indem er bei starkem Nebel zu einem Meeting mit dem Evaluationsteam des Army Air Corps flog. Die Tatsache, dass er sich das Fliegen bei derart schlechten Wetterbedingungen in seinem eigenen Simulator so erfolgreich beigebracht hatte, hinterließ offenkundig einen solchen Eindruck, dass das Air Corps umgehend sechs Geräte zum Preis von je 3.500 US-Dollar orderte. Damit wurde der Grundstein für »Synthetic Flight Training Devices« (SFTDs) zur Ausbildung von (zunächst Militär-)Piloten gelegt.

Edward Albert Link vor einem AN-T-18 Mitte der 1940er-Jahre.
Foto: Binghamton University Libraries

## Simulatoren im Zweiten Weltkrieg

Während des Zweiten Weltkriegs stieg der Bedarf an Piloten und somit auch an Trainingsequipment rapide an. Zwischen 1940 und 1945 produzierte die neu gegründete Link Aviation Devices Inc. in New York und in Kanada mehr als 10.000 Einheiten des AN-T-18 Basic Instrument Trainers (wegen seiner blauen Lackierung in den USA auch »Blue Box« genannt). Bis zum Ende des Krieges wurden dann fast alle Piloten der U.S. Air Force (über 500.000) auf Link-Trainern im Instrumentenflug ausgebildet. In dieser Zeit tüftelte Link ständig an seinen Geräten weiter, um die rasanten neuen Entwicklungen im Flugzeug- und Instrumentenbau abbilden zu können. So wurden etwa Verstellpropeller und einziehbares Fahrwerk, aber auch das Instrumentenlayout bestimmter Flugzeugtypen berücksichtigt. Außerdem verfügte der AN-T-18 über einen Instructor Desk, eine frühe Form der heutigen Instructor Operator Station (IOS), an dem der Fluglehrer den Kurs verfolgen und die Instrumente ablesen konnte. Zudem konnte er die simulierte Windrichtung und -geschwindigkeit jederzeit ändern.

## Erste Simulatoren für die zivile Luftfahrt

Im Jahr 1943 überzeugte Dr. Richard Dehmel von den Bell Laboratories den Flugzeughersteller Curtiss-Wright von seinem Design eines Instrumentenflug-Verfahrenstrainers, und das Unternehmen begann, das Gerät in Serie zu produzieren. Nach dem Krieg entstand daraus in Zusammenarbeit mit Pan American

Pan American Airways (später Pan American World Airways, kurz PAN AM) kaufte als erste Airline einen musterspezifischen Simulator für die Boeing 377 Stratocruiser. Hier ist das Flugzeug über der San Francisco Bay zu sehen. Foto: San Diego Air & Space Museum Archives

Airways der erste flugzeugspezifische Simulator im Besitz einer Airline. Das simulierte Muster war die Boeing 377 Stratocruiser. Da die Brtitish Overseas Airways Corporation (BOAC) gerade ebenfalls beschlossen hatte, eine Flotte von Stratocruisern anzuschaffen, interessierte man sich auch hier schnell für den Simulator. Die britische Firma Rediffusion (später Redifon) hatte bereits 1940 den Funknavigationstrainer C100 DF entwickelt, der bei BOAC im Einsatz war, und um beide Entwicklungen zusammenzuführen, beschlossen Redifon und Curtiss-Wright, eine Kooperation für die Entwicklung der neuen Generation von Trainingsgeräten einzugehen.

Das Bahnbrechende an den neuen Verfahrenstrainern war die analoge Computersteuerung der ersten elektronischen Control-Loading-Systeme (CLS) für eine präzisere Simulation der Steuerkräfte bei verschiedenen Geschwindigkeiten und Fluglagen, die Dr. Dehmel, der nun für Curtiss-Wright tätig war, entwickelt hatte. Das CLS bestand – wie heute – aus einer Reihe von Motoren und Potentiometern, um die Kräfte für das Steuerfeedback dosiert abgeben zu können. Der Stückpreis für die neuen Trainer lag 1951 bereits bei stolzen 120.000 Britischen Pfund.

Zeitgleich entwickelte Redifon für BOAC einen Verfahrenstrainer für die Comet 1 und brachte damit ein Jahr später das erste Jet-Trainingsgerät auf den Markt. Es folgte ein Auftrag von Qantas für einen Verfahrenstrainer, der die neu angeschafften Lockheed Super Constellations simulieren sollte.

Auch Link war derweil auf elektronische Steuerungen umgestiegen und führte diese einen Schritt weiter, indem er Gleichstrommotoren für seine CLS verwendete, die eine noch präzisere Ansteuerung erlaubten. Seine Simulatoren für die Boeing 707 waren nun die am weitesten entwickelten Geräte ihrer Zeit, und zu den Kunden zählten Mitte der 1950er-Jahre erneut Pan Am und Qantas.

## Digitale Simulation

Mit dem Beginn des Jet-Zeitalters wurden die Flugtests bei der Entwicklung neuer Flugzeuge komplexer, und dabei wurden immer größere Mengen an Leistungsdaten generiert, die den Herstellern von Simulatoren nun zur Verfügung standen. Bisher hatte man die Kräfte nach Gefühl und Erfahrung eingestellt, nun hatte man eine belastbare Datengrundlage. Die analoge Computersteuerung stieß hierbei jedoch schnell an ihre Grenzen. Das galt auch für die Zuverlässigkeit und die maximale Auslastung der Trainingsgeräte.

Wieder war es Edward Link, der die Flugsimulation durch die Verwendung digitaler Technologien in den 1960er-Jahren in eine neue Ära führte. Dafür nutzte er die zweite Generation digitaler IBM-Computer, die gerade auf den Markt gekommen und mit ein paar Modifikationen bezüglich der Speicherkapazität in der Lage waren, die für die Flugsimulation nötige Menge an Daten verarbeiten zu können. Link entwickelte daraus einen eigenen Rechner – den Mark 1. In den nächsten Jahren wurden alle neuen Simulatoren mit diesem System aus-

Für das Andocken des Apollo-Kommandomoduls entwickelte die NASA diesen beweglichen Docking-Simulator. Foto: NASA

gestattet, was zu einem erneuten Durchbruch in der Flugsimulation führte. Ab jetzt gab es kaum noch eine größere Airline, die keine Simulatoren für die Ausbildung ihrer Piloten betrieb. Gleiches galt für das Militär.

## Erste Full-Motion-Simulatoren

Die Entwicklung der Computertechnologie erfuhr ab den 70er-Jahren eine rasante Beschleunigung und mit ihr die Möglichkeiten, Simulatoren immer realitätsnäher zu konstruieren. Dazu zählten insbesondere neue Bewegungsplattformen, die zunächst von der NASA für die Apollo-Missionen entwickelt wurden, aber schnell (u. a. durch Redifon) auch Einzug in die zivile und militärische Luftfahrt hielten.

Einen der ersten Full-Motion-Simulatoren für die zivile Luftfahrt, wie wir sie heute kennen, baute dann McDonnell Douglas in den 1970er-Jahren. Zwar hatten schon die ersten Link-Trainer eine rudimentäre Bewegungsplattform, mit dem Fortschritt der Digitalisierung konnten Bewegungen und Fluglagen jetzt anhand gesammelter Daten in Flugtests jedoch akkurat, zunächst in zwei, dann drei, vier, fünf und schließlich in sechs Freiheitsgraden (Degrees of freedom – DoF) auf einer Hexapod-Plattform abgebildet werden, was zumindest für Trainingsgeräte der zivilen Luftfahrt einen enormen Fortschritt bedeutete (über Sinn und Unsinn von Bewegungsplattformen für militärische Kampfflugzeuge wird bis heute in Fachkreisen gestritten).

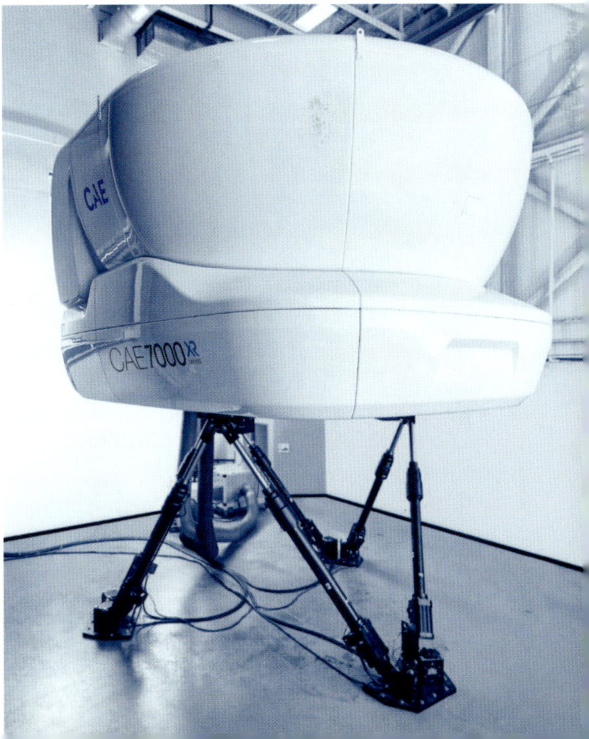


Moderner Full-Flight-Simulator der Firma CAE auf einer Hexapod-Bewegungsplattform. Foto: CAE

Der Redifon-Comet-4-Simulator war nur auf der Neigungsachse beweglich. Foto: via Royal Aeronautical Society

Bei diesem Flight and Navigation Procedures Trainer (FNPTII) der Firma Diamond Aircraft wird das Bild mittels dreier Projektoren auf eine sphärische Leinwand übertragen. Für jeden Visual-Kanal wird ein eigener Rechner verwendet, wobei die größte Herausforderung in der Synchronisation der drei Kanäle liegt. Foto: Diamond Aircraft

Modellgitter-Sichtsystem. Hier fuhr die Kamera synchron zu den Flugbewegungen über ein Modell des Flugplatzes. Das Bild wurde dann auf einen Monitor vor dem Cockpit übertragen. Foto: NASA

## Sichtsysteme (Visual Systems)

Bereits in den 1950er-Jahren hatte man sich mit der Darstellung der Außenwelt für Flugsimulatoren beschäftigt. Der erste Ansatz bestand in sogenannten Shadowgraph-Systemen, wobei mithilfe einer punktförmigen Lichtquelle der Schatten eines dreidimensionalen, transparenten Geländemodells auf eine Leinwand vor dem Cockpit projiziert wurde.

Darauf folgte die Ära der Modellgitter: Um reale Landschaften abzubilden, bauten Hersteller riesige, detailgetreue Miniatur-Flugplätze und Landschaften auf großen Tafeln auf. Eine mechanisch gesteuerte Kamera fuhr dann synchron zu den Steuerbefehlen des Piloten über diese Modellplatte. Das Live-Videobild wurde über geschlossene Schaltkreise (CCTV) auf Monitore vor den Cockpitfenstern übertragen. Die Simulatoren von Rediffusion und Curtiss-Wright nutzen solche Systeme, ab 1962 dann auch in Farbe.

Das erste zugelassene digitale CGI-System (VITAL) für die zivile Luftfahrt brachte FlightSafety International 1972 auf den Markt. Fortlaufende Weiterentwicklungen (wie VITAL II, VITAL III und VITAL X) machten Nachtsicht, detaillierte Satellitengeometrien und komplexe Wettereffekte bezahlbar und realistisch. Auch Redifon (NOVOVIEW) und Link (IMAGE) adaptierten die neuen Technologien im Bereich der Sichtsysteme für ihre Simulatoren.

Für die Außendarstellung kommen heute je nach Zulassungsstufe des Trainingsgeräts verschiedene Projektionssysteme zum Einsatz, wobei für kleinere Verfahrenstrainer meist Bildschirme und für größere Fixed-Base-Simulatoren sphärische 180-Grad-Leinwände mit drei oder mehr Projektoren verwendet werden. In Full-Flight-Simulatoren erzeugen kollimierte Displays (bestehend aus asphärischen Spiegeln) einen optischen Tiefeneffekt. Da die Lichtstrahlen parallel ins Auge fallen, fokussiert sich das menschliche Auge auf »unendlich«, wodurch der Pilot Objekte in scheinbar großer Entfernung ohne Parallaxenfehler wahrnimmt.

Die größten Fortschritte im Bereich der Software für Sichtsysteme wurden in jüngster Zeit aber wohl im Gaming-Bereich gemacht, wo heute etwa im Microsoft Flight Simulator oder bei X-Plane die gesamte Welt in atemberaubender Detailtreue und mithilfe von VR-Brillen in einer nie dagewesenen Auflösung dargestellt wird. Allerdings sind diese Systeme bislang nicht für Full-Flight-Simulatoren zugelassen, da sie zugunsten der Darstellung der gesamten Welt auf bestimmte Details (bspw. eine akkurate Darstellung der Approach Lights eines bestimmten Flughafens, die für das Instrumentenflugtraining unabdingbar ist) verzichten.

Mit dem Ballon über Paris. Im Microsoft Flight Simulator 2024 ist das ein spektakulärer Anblick. Foto: Microsoft Flight Simulator 2024 product screen shot reprinted with permission from Microsoft Corporation

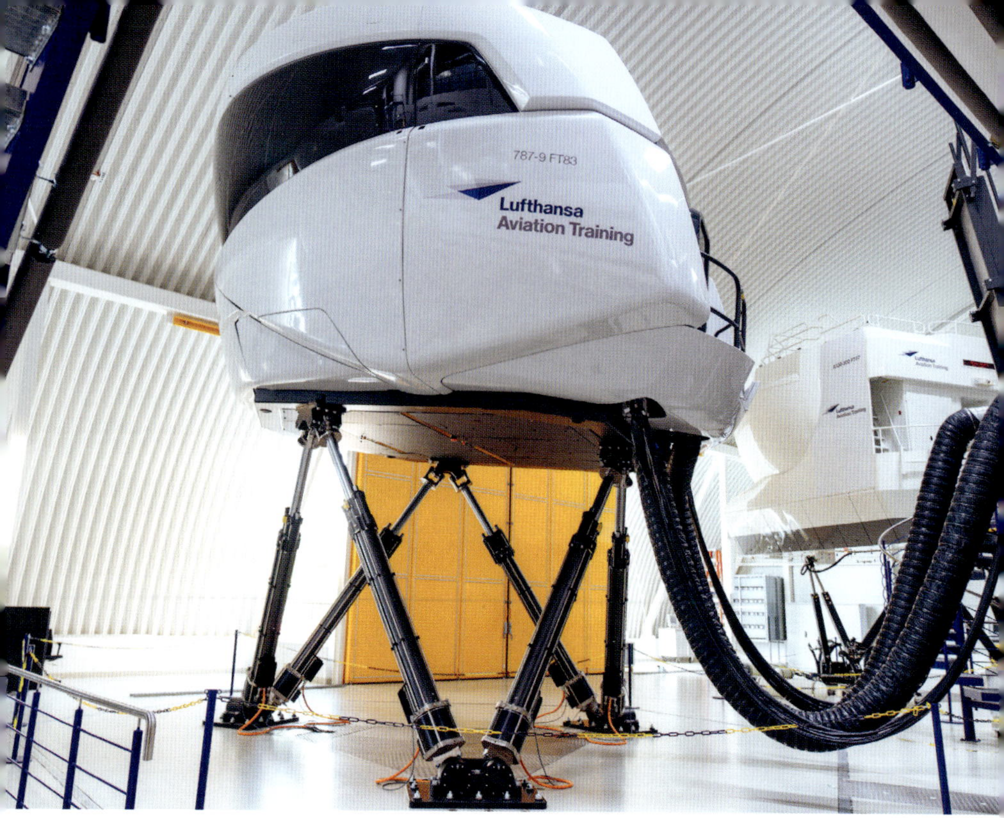


Full-Flight-Simulator für die Boeing 787 der Lufthansa Aviation Training in Frankfurt am Main. Foto: Lufthansa Aviation Training

## Einsatz im Flugtraining, internationale Standards und der lange Weg zur Vereinheitlichung

Die Qualifikation und der Betrieb ziviler Flugsimulatoren (die offizielle internationale Bezeichnung lautet heute »Flight Simulation Training Device« – FSTD) werden durch globale Rahmenwerke und regionale Behörden geregelt. Nach Gründung der internationalen Verkehrsluftfahrtorganisation IATA (International Air Transport Associaton) wurden in den 70er-Jahren erste internationale Standards erarbeitet – ein Prozess, der bis heute nicht abgeschlossen ist, aber von der ICAO (International Civil Aviation Organization) zusammen mit den großen Herstellern CAE, Flight Safety International, Boeing, Airbus und anderen weiter vorangetrieben wird, um das Training auf Simulatoren noch effizienter zu gestalten.

Noch gibt es allerdings kein bindendes vereinheitlichtes Regelwerk, und so gelten im europäischen Raum, wo die europäische Luftsicherheitsbehörde EASA für die Zulassung und den Betrieb zuständig ist, teils andere Standards und auch Bezeichnungen als etwa in den USA, wo die Federal Aviation Administration (FAA) federführend ist.

Im EASA-Raum unterscheidet man beispielsweise aufsteigend nach Komplexität zwischen Basic Instrument Training Device (BITD), Flight Navigation Procedures Trainers (FNPT) Level 1 bis 3, Flight Training Devices (FTD) Level 1 bis 3 und Full Flight Simulators (FFS) Level A bis D. Die FAA kennt dagegen Aviation Training Devices (ATD) – Basic und Advanced –, Flight Training Devices (FTD) Level 4 bis 7 und ebenfalls Full Flight Simulators (FFS) Level A bis D.

Mit Doc 9625 hat die ICAO vor geraumer Zeit ein vereinheitlichtes System vorgeschlagen, das nun sukzessive in die jeweiligen Regelwerke (CS-FSTD in Europa und 14 CFR Part 60 bzw. 141 in den USA) übernommen werden soll. Dies betrifft dann auch die jeweiligen Stunden, die in verschiedenen Trainingsbereichen auf Simulatoren geflogen werden dürfen. Momentan reichen diese von fünf Stunden auf einem BITD für den Privatpilotenschein bis hin zu 60 Stunden auf einem FFS für Instrumentenflug (IFR), Multi-Crew-Training (MCC) und Musterberechtigung (Type Rating). Außerdem dürfen FFS uneingeschränkt für das Recurrent Training (die regelmäßige Auffrischungsschulung) verwendet werden.

## Fazit

Ohne die bahnbrechende Erfindung des Link-Trainers im Jahr 1927 wäre die Flugsimulation heute wohl nicht da, wo sie aktuell steht – eine Industrie mit weltweit knapp sieben Milliarden US-Dollar Jahresumsatz. Eine Pilotenausbildung ohne Simulator ist heute nicht mehr denkbar – weder aus ökonomischer Sicht noch unter Gesichtspunkten der Sicherheit und Effizienz – und schon gar nicht vor dem Hintergrund der Klimakrise. Jeder Pilot, der zumindest die Instrumentenflugausbildung absolviert, verbringt einen Teil seiner Ausbildung im Simulator, und dieser Teil dürfte mit den rasanten Fortschritten in der KI und in der Darstellung virtueller Realitäten in Zukunft noch erheblich größer werden.

Doch was wurde aus Link und seinem Unternehmen?

Edwin A. Link starb 1981 im Alter von 77 Jahren an einem Krebsleiden. Zum Zeitpunkt seines Todes war die Link Aviation, Inc. keine eigenständige Firma mehr, sondern gehörte als Link Flight Simulation Division zum Mischkonzern Singer (bekannt für seine Nähmaschinen). Im Jahr 1988 wurde das Simulatorengeschäft als Link Military Simulation Corporation neu gegründet und an das kanadische Unternehmen CAE Industries (heute weltweit der größte Simulatorenhersteller) verkauft. Es entstand die CAE-Link Corp. Im Jahr 1995 verkaufte CAE die Sparte jedoch an den Rüstungskonzern Hughes Electronics (eine Tochtergesellschaft von General Motors). Der Name wurde in Hughes Training, Inc. (Link Division) geändert. Nach einigen weiteren Besitzern (u. a. Raytheon) kaufte CAE die Sparte 2021 jedoch überraschend zurück. Damit schloss sich 33 Jahre nach dem ersten Verkauf von 1988 der Kreis: Das verbliebene Erbe von Edwin Albert Link wurde wieder mit CAE vereint und operiert heute integriert unter dem Dach von CAE Defense & Security. ■

# Kiska Blitz

## Luftkrieg in den Aleuten

Hagen Seehase

OS2U Kingfisher der Scouting Squadron 56 über der Massacre Bay, Attu, November 1943. Zur Feuerleitung der Schiffsartillerie waren diese Aufklärer unerlässlich. Foto: U.S. Navy

**Mit dem Pazifikkrieg und dem berühmten »Inselspringen« ist bis heute die Klischeevorstellung von tropischen Inseln verbunden. Es gab aber auch eine ganz andere Seite.**

In der Nacht vom 3. zum 4. Juni 1942 griffen japanische Kampfflugzeuge einer japanischen Kampfgruppe unter Vizeadmiral Boshiro Hosogaya mit den Trägern RYŪJŌ und JUN'YŌ den amerikanischen Hafen Dutch Harbor auf der Insel Amaknak vor Alaska an. Beteiligt waren zwölf Jäger vom Typ Mitsubishi A6M »Zero«, zehn Bomber vom Typ Nakajima B5N »Kate« und zwölf Sturzbomber vom Typ Aichi D3A »Val«. Sie attackierten Hafenanlagen und Öltanks in Dutch Harbor. Eine B5N Kate ging beim Start verloren. Am Nachmittag des 4. Juni wiederholten die Japaner ihre Angriffe, diesmal war auch ein Flugfeld mit seinen Hangars Ziel. Neben 43 Toten mussten die Amerikaner den Verlust von 14 Flugzeugen beklagen: vier B-17, zwei B-26, zwei P-40, dazu sechs PBY-Catalinas der Navy. Die Japaner verloren neun Flugzeuge (zumeist durch Flakfeuer beim zweiten Angriff), eines davon war eine Zero, die auf der kleinen unbewohnten Aleuteninsel Akutan notzulanden versuchte. Die Maschine überschlug sich dabei, der Pilot (Fähnrich Tadayoshi Koga) wurde getötet. Der Jäger konnte allerdings von der United States Army Air Force (USAAF) geborgen und wieder flugfähig gemacht werden. Die Ergebnisse der Tests jener »Akutan-Zero« flossen in die Entwicklung der Grumman Hellcat ein. Während aber Dutch Harbor für den Rest des Krieges von japanischen Angriffen unbehelligt blieb, entspann sich am anderen (westlichen) Ende der Aleutenkette ein Drama.

## Die Besetzung von Attu und Kiska

Hauptmann Takeji Ono von der Speziallandungsgruppe 3 der Kaiserlich Japanischen Marine landete am 7. Juni 1942, kurz nach 13.00 Uhr, mit einer Truppe von 500 japanischen Marineinfanteristen auf Narukami-shima (Kiska). Kurz danach folgten weitere 1.000 Japaner. Mit der Besetzung der Aleuteninseln Attu und Kiska am Beringmeer verfolgte die japanische Führung weitgesteckte strategische Ziele. Was als Ablenkungsmanöver für den japanischen Vorstoß gegen Midway gedacht war, entwickelte sich zu einem Kampf unter schwersten Bedingungen.

Diese Jäger wirkten martialisch, konnten aber wegen ihrer geringen Reichweite nicht in die Langstreckenbombardierungen der japanischen Garnisonen auf den Aleuten eingreifen, sondern allenfalls US-Stützpunkte vor japanischen Luftangriffen schützen: P-40 Warhawk der 11th Fighter Squadron in Alaska.
Foto: USAF

Amerikanisch-kanadische Invasionsflotte vor Kiska, an der Landung war auch die amerikanisch-kanadische First Special Service Force beteiligt, die in Italien berühmt werden sollte. Foto: NARA

Neben der Ablenkung von der japanischen Hauptoffensive mit Stoßrichtung Midway wollten die Japaner mit der Besetzung einiger westlicher Aleuteninseln verhindern, dass die amerikanischen Luftstreitkräfte von eben diesen zu Bombenangriffen gegen die japanische Inselfestung Paramushiro auf den nördlichen Kurilen aufsteigen könnten. Allerdings gab es auf den westlichen Aleuten gar keine Flugplätze. Die Japaner begannen sofort nach der widerstandslosen Besetzung Attus und Kiskas mit Versuchen, Feldflugplätze anzulegen. Dass es ihnen letztlich nicht gelang, hat mit drei Faktoren zu tun: Erstens war (und ist) der Untergrund zur Anlage solcher Installationen denkbar ungeeignet. Zweitens hatten die Japaner diesen Punkt sträflich unterschätzt und nur unzureichendes Material und Personal dafür mitgebracht. Drittens begannen die Amerikaner eine recht ungewöhnliche Kampagne zur Vorbereitung der Rückeroberung der Inseln. Seestreitkräfte standen nicht in ausreichender Zahl zur Verfügung und Heerestruppen für eine eventuelle Rückeroberung Attus und Kiskas schon gar nicht.

PBY Catalinas im August 1942, eine Zeit lang wurden diese Flugboote sogar als Bomber gegen die Japaner auf Kiska eingesetzt.
Foto: U.S. Navy

Die Inselgruppe war von den amerikanischen Planern vor dem Krieg wirklich vernachlässigt worden, obwohl schon 1935 der amerikanische ehemalige Fliegergeneral Billy Mitchell die Bedeutung erkannt hatte: »Ich glaube, in der Zukunft wird derjenige die Welt in der Hand halten, der Alaska hält. Es ist der wichtigste strategische Platz der ganzen Welt.« Mitchell war aber ein Dissident, und nur wenige innerhalb des Militärs und der politischen Führung wollten auf ihn hören.

## Amerikanische Luftangriffe

Die Bomberstaffeln der USAAF in Alaska hatten aber zunächst keine weitreichenden Bomber, und die Anlage von Feldflugplätzen auf den östlichen Aleuten war dringend geboten. Für Alaska war die 11th Air Force zuständig, seit dem 24. März 1942 unter dem Kommando von Brigadegeneral William O. Butler. Bald erhielt sein Kommando die dringend benötigten B-17-Bomber, allerdings lagen deren Stützpunkte (Elmendorf und Fort Morrow Army Airfield) so weit im Osten, dass der Einsatz der Bomber praktisch undurchführbar war.

General Simon Bolivar Buckner, der Kommandeur aller amerikanischen Heereskräfte in Alaska (und dazu gehörte auch die USAAF), ließ einen Feldflugplatz (Ford Glenn Army Airfield auf Umnak Island) auf den östlichen Aleuten anlegen, den er so geheim hielt, dass nicht einmal seine Vorgesetzten davon wussten. Die

Kiska Blitz, amerikanisches Plakat. Foto: Library of Congress

Links oben: Lockheed-Ventura-Bomber über der Aleuteninsel Kiska 1943. Foto: NARA

Links unten: Lockheed PV-1 Ventura wird auf einem Stützpunkt mit Bomben beladen, Aleuten 1943. Foto: U.S. Navy

B-18-Bolo-Bomber, mit denen die Staffeln der USAAF in Alaska zunächst ausgerüstet waren, hatten noch nicht einmal die nötige Einsatzreichweite und wurden durch B-17 abgelöst.

Vom Stützpunkt auf Umnak aus starteten eine Handvoll B-17 und LB-30 (eine frühe Version der B-24) der USAAF und warfen ihre Bomben über Kiska ab. Dass man überhaupt über LB-30 verfügte, war ein einmaliger Glücksfall, eigentlich waren diese Bomber als »Lend-and-lease«-Hilfe für Großbritannien bestimmt gewesen. Bis zur Umrüstung auf leistungsfähigere Modelle stützte sich die Luftkampagne gegen die Japaner auf Kiska auch auf eine Handvoll Marineflieger der U.S. Navy.

Denn auch die Navy hatte ihren Anteil an der »Kiska Blitz« genannten Luftoperation. In der Nazan Bay bei der Insel Atka lag der Seeflugzeugtender USS GILLIS. Die dazu gehörenden Catalina-Flugboote vom Patrol Wing 4 unter dem Kommando von Captain Leslie E. Gehres waren eigentlich für Seenotrettung, Langstreckenpatrouillen und U-Boot-Jagd vorgesehen. Der Befehl von Admiral Nimitz war aber unmissverständlich: »Bomb the enemy out of Kiska.« Und dazu setzten sie jetzt an.

Colonel Eareckson, der Kommandeur der amerikanischen Bomberkräfte in Alaska, signiert eine Bombe. Der äußerst fähige, aber sehr eigenwillige Eareckson kam trotz aller Verdienste nicht über den Dienstgrad eines Colonels hinaus. Foto: NARA

Amerikanische Bomberbesatzung bei der Einsatzbesprechung. Die Lebensbedingungen auf den Flugplätzen der Aleutenkette waren recht spartanisch. Foto: USAF

Das Wetter am 11. Juni 1942 war gut, aber technische Probleme zwangen die B-17 der 36st Bomber Squadron, am Boden zu bleiben, und so starteten nur fünf B-24 von Cold Bay. Colonel William O. Eareckson, höchster Luftwaffenoffizier der Bombertruppe in Alaska, führte den Angriff persönlich an. Die inzwischen gut eingegrabenen Japaner bereiteten den Bombern einen heißen Empfang. Die Führungsmaschine unter Captain Jack Todd bekam einen Direkttreffer und explodierte. Alle Bomben landeten harmlos im Wasser. Jetzt erschienen die PBY-Catalinas auf der Szene. Die PatWing-4-Flugzeuge tauchten im Steilflug durch die Wolken, um in nur 300 Meter Höhe abzufangen und ihre Bomben auszulösen. Japanische Flakgranaten beschädigten einige Maschinen. Der japanische Zerstörer HIBIKI wurde getroffen, aber fünf amerikanische Marineflieger waren tot.

Jetzt operierten die Catalinas also als Bomber, die ihre Ziele sogar im Sturzflug angriffen, wofür die Flugzeuge nun ganz und gar nicht geeignet waren. Die Todesverachtung und das fliegerische Geschick der amerikanischen Piloten nötigten den Japanern Respekt ab, allerdings bewirkten sie zunächst nicht sehr viel.

Sobald die PBY in der Nazan Bay ankamen, wurden sie betankt, aufmunitioniert und wieder losgeschickt. Diese Routine hielt man drei Tage durch. Die Catalina-Flugboote waren dafür nie konstruiert worden, sie waren zu langsam und strukturell zu schwach für einen Sturzangriff. Es ging aber nicht anders, wann immer möglich, hielten sich die Catalinas oberhalb der Wolkendecke, um die Reaktionszeit der japanischen Flakbesatzungen zu verkürzen. Zielgeräte für den Bombenwurf hatten die Flugboote ohnehin nicht. Es wurde also nach Augenmaß bombardiert. Eine Catalina ging verloren, als sie beim Abfangen aus dem Sturzflug auseinanderbrach, viele andere wurden schwer beschädigt (z. T. mit Todesfällen bei der Besatzung), schafften es aber bis zum Mutterschiff zurück. Mittlerweile war der Bombenvorrat erschöpft, die letzte Aufgabe von USS

OS2U-2 Kingfisher 1942. Eareckson lieh sich nach der Landung auf Attu ein solches Flugzeug aus, um sich ein Bild der Lage zu machen. Foto: U.S. Navy

OS2U-2 Kingfisher beim Katapultstart während des Aleutenfeldzugs. Diese Flugzeuge wurden von Kreuzern und Schlachtschiffen eingesetzt. Foto: U.S. Navy

GILLIS und den Catalinas war die Evakuierung der Bewohner von Atka. Bald hatte das Bomberkommando der in Alaska stationierten 11th Air Force aber mehr Maschinen zur Verfügung. Es stand unter der Führung eines charismatischen Kommandeurs, eben jenes Colonel Eareckson. Dieser war ein Draufgänger, die meisten seiner Kameraden auch. Als er vor dem Krieg seine Hochzeit im Spielerparadies Reno gefeiert hatte, hatte er seine Staffelkameraden eingeladen. Die waren auch zu der Party gekommen, mitsamt ihren Maschinen im Tiefflug.

## Der Tausend-Meilen-Krieg

In Alaska entwickelten die Bomberbesatzungen der USAAF Verfahren, die sonst nirgendwo praktiziert wurden. Meist flog ein einzelnes Wetterflugzeug voraus. Wenn dieses einigermaßen fliegbare Bedingungen über dem Zielgebiet meldete, starteten die anderen Bomber. Mit Einsätzen in Europa hatten diese Unternehmen aber nicht viel gemeinsam. Bombenangriffe aus großer Höhe mit Bodensicht gab es höchst selten. Manchmal flogen die Bomber den durch die Wolkendecke ragenden Gipfel des Mount Kiska an, drehten genau über dem Gipfel auf Zielkurs, flogen in exakt festgelegter Geschwindigkeit und Höhe und lösten nach Stoppuhr die Bomben aus. Manchmal unterflogen sie auch die Wolken. Dann schossen die viermotorigen Bomber in nur wenigen Metern Höhe über den Wellen heran. Das war ausgesprochen gefährlich, nahm aber den Japanern die Möglichkeit, Gegenmaßnahmen zu ergreifen. Über dem Zielgebiet gaben die MG-Schützen Dauerfeuer, dann wurden die Bomben ausgelöst. Die waren mit Zeitzündern versehen, Aufschlagzünder hätten in der Höhe unweigerlich den Absturz des Bombers herbeigeführt.

Den Japanern gelang es nicht, einen Feldflugplatz für Jagdflugzeuge anzulegen, so sehr sie sich auch bemühten. Die einzige Abwehr gegen amerikanische Bomber bestand in den Schwimmerflugzeugen vom Typ Nakajima A6M-2N »Rufe«, einer wesentlich langsameren maritimen Ausführung der Zero (die Rufe war mit rund 435 km/h Höchstgeschwindigkeit rund 100 Stundenkilometer langsamer). Da aufgrund der weiten Entfernung des Einsatzgebiets von den Stützpunkten der amerikanischen Flugzeuge keine Möglichkeit bestand, den Bombern Jagdschutz mitzugeben, stellten die Rufes mit ihrer Kanonenbewaffnung (zwei 20-mm-Maschinenkanonen, zusätzlich zwei MG) aber durchaus eine Gefahr dar. Die langen Entfernungen, über die diese Bombenkampagne geführt werden musste, trugen dem Feldzug in der amerikanischen Historiografie den Namen »Thousand Miles War« ein.

Colonel Eareckson, der nebenbei bemerkt seine fliegerische Karriere als Ballonfahrer begonnen hatte und alles andere als ein Schreibtischoffizier war, hielt es nicht in seiner Kommandobaracke auf Umnak. Etliche Einsätze flog er selbst mit, mal als Pilot, dann als Copilot, als Navigator, als Bombenschütze, sogar als MG-Schütze im Heckstand. Earecksons Verhältnis zu seinem direkten Vorgesetzten, William O. Butler (welcher bald zum Major-General befördert wurde), war herzlich schlecht. Da Eareckson aber das uneingeschränkte Vertrauen von Buckner besaß, konnte er schalten und walten, wie er wollte.

Die amerikanischen Jagdflieger, zunächst nur eine Staffel P-40-Jagdflugzeuge unter dem Kommando von Jack Chennault (Sohn des berühmten Kommandeurs der »Flying Tigers« in China, Claire Lee Chennault), hatten wenig zu tun. Auf die lange Entfernung von den Flugfeldern im Osten der Aleutenkette bis hin nach Kiska konnten die Jagdflieger wie schon erwähnt keinen Begleitschutz gewähren, die Abwehr sporadischer japanischer Luftangriffe (oft durch Flugboote) blieb daher die Hauptaufgabe – zunächst.

Kingfisher-Aufklärer wird in Alaska zu Wasser gebracht. Foto: U.S. Navy

Am 30. August 1942 landeten 4.500 Soldaten der U.S. Army auf Adak, einer Aleuteninsel, die nicht von den Japanern besetzt war. Sofort machten sich die Pioniere an die Anlage eines Flugfeldes, das schon bald einsatzfähig war (Davis Army Airfield). Am 14. September starteten die ersten B-24-Bomber zu ihren Angriffen auf Kiska, das rund 300 Kilometer entfernt ist, von Umnak aus sind es rund 1.000 Kilometer. Nun konnte man den Bombern Jäger als Begleitschutz mitgeben, gegen die die »Rufes« keine Chance hatten. Außerdem machten die P-39-Airacobras und P-38-Lightnings dank ihrer Kanonenbewaffnung kurzen Prozess mit mancher japanischen Flakstellung auf Kiska.

Bereits am 9. August 1942 waren zwei P-38E der 343rd Fighter Group am Ende einer Langstreckenpatrouille von über 1.500 Kilometern auf zwei japanische Kawanishi H6K-Mavis-Flugboote gestoßen und hatten sie abgeschossen.

Am 12. Januar 1943 erfolgte die amphibische Landung der Amerikaner auf Amchitka bei miesestem Wetter. Nun war Kiska sogar in Sichtweite – allerdings nur theoretisch, denn die Wetterverhältnisse erlaubten selten gute Sicht. Die Japaner flogen wütende Luftangriffe von Kiska aus, allerdings nur mit Flugbooten, denn eine Landepiste hatten sie immer noch nicht errichten können. Das in Eile gebaute amerikanische Flugfeld auf Amchitka war aber schon am 16. Februar einsatzbereit.

Sgt. Clark E. Hilliard munitioniert eine B-25 auf. Bald nach der Einrichtung eines amerikanischen Flugfeldes auf Attu griffen mittlere Bomber die japanischen Stellungen auf der Kurileninsel Paramuschir an. Foto: Signal Corps

## Landung auf Attu

Am 11. Mai 1943 erfolgte die Landung der 7th Infantry Division auf Attu (»Operation Landcrab«). Die nachfolgenden Kämpfe waren ausgesprochen hart. Der amerikanische Vormarsch wurde zusätzlich noch durch das Wetter und das Terrain erschwert – und außerdem durch die Tatsache, dass Luftnahunterstützung wetterbedingt nur schwer möglich war. Attu liegt westlich von Kiska, das durch die Landung auf Attu noch weiter isoliert wurde. General Butler forderte bei der Navy einen Geleitträger an, die schickte ihm die USS NASSAU (CVE-16), bestückt mit 29 Grumman F4F-4 Wildcats von der Fighter Squadron VF-21 und drei F4F-3P-Wildcat-Aufklärern von der Marine Fighter Squadron VMO-155. Die USAAF konnte die 54th Fighter Squadron mit Langstreckenjägern von Typ P-38-Lightning beisteuern.

Fleet Air Wing Four der U.S. Navy sicherte mit Catalinas das Landungsunternehmen weiträumig. Diese Abriegelung war so effektiv, dass eine japanische Flottille mit dem Seeflugzeugträger KIMIKAWA MARU, einem Kreuzer und einem Zerstörer nicht mal in die Nähe kam.

Der erste Trägerflugzeugeinsatz von der NASSAU verlief nicht erfolgreich, zwei Piloten verfehlten den Träger in nebeligem Wetter, sie mussten in der Nähe eines Zerstörers in dem eisigen Wasser notwassern (beide wurden gerettet). Zwei weitere setzten bei der Landung so hart auf, dass sie die Maschinen schwer beschädigten, und da Eile geboten war, kippte man die schwer angeschlagenen Wildcats einfach über Bord.

PBY-5A von der VP-61 in den Aleuten, März 1943. Normalerweise herrschten dort nicht so gute Wetterverhältnisse. Foto: U.S. Navy

Colonel Eareckson hielt es natürlich nicht länger in seiner Kommandobaracke. Die 11th Air Force griff am Landungstag mit neun B-24 und zwölf B-25 unter seiner Führung (Eareckson flog in einer B-24) an. Das Wetter war so mies, dass die Bomberbesatzungen kein Loch in der Wolkendecke fanden. Eareckson schickte sie zurück nach Adak, auf dem Heimflug sollte dann Kiska bombardiert werden. Dem Colonel war klar, dass die Bodentruppen den Hauptteil der Kämpfe zu tragen hatten, und er ließ sich etwas einfallen, um sie effektiv zu unterstützen.

Eareckson lieh sich bei der Navy ein Schwimmerflugzeug vom Typ Vought OS2U Kingfisher aus, mit dem er über der Insel herumkreiste und das Feuer der vor der Insel liegenden Schiffe der U.S. Navy dirigierte bzw. die Angriffe seiner Bomber und der Jagdbomber. Manchmal setzte sich auch General Buckner auf den Beobachtersitz und ließ es sich nicht nehmen, die Japaner eigenhändig mit dem Maschinengewehr zu beschießen. Die ganze Angelegenheit war natür-

A-24 Banshee-Bomber (landgestützte Variante des Marinesturzkampfbombers Douglas SBD Dauntless) beim Angriff auf Kiska, August 1943. Der Angriff ging ins Leere, da die Japaner Kiska schon unbemerkt evakuiert hatten. Foto: USAF

lich gefährlich, und Eareckson führte immer eine Handvoll Korken mit sich, um den zerlöcherten Schwimmkörper der Maschine nach der Landung abzudichten, damit sie nicht versank. Eareckson und Buckner waren ein sehr unkonventionelles, aber inspirierendes Gespann. Eareckson beschloss irgendwann, sich an den Kämpfen am Boden zu beteiligen, lieh sich ein Gewehr und erhielt bald einen Treffer in den Rücken, der nicht lebensbedrohlich war. Dafür bekam er sofort von Buckner das Verwundetenabzeichen »Purple Heart« und außerdem einen Tritt in den Hintern für eigenmächtiges Verhalten (»For being where you had no business being«).

Der 1900 geborene Eareckson hatte als Freiwilliger im Ersten Weltkrieg in Frankreich gekämpft und war dort verwundet worden. Nach dem Krieg blieb er in der Armee und erhielt die Zulassung nach West Point. Nach seiner Graduation meldete er sich zur Pilotenausbildung und fiel durch. Die Ausbildung zum Ballonfahrer bestand er aber. Im Jahr 1930 bestand er dann schließlich die Aufnahmeprüfung zur Pilotenausbildung. Im Jahr 1939 bekam er das Kommando über die 36th Bombardment Squadron.

## Das Ende der Aleutenschlacht

Der japanische Widerstand auf Attu wurde mühevoll und verlustreich gebrochen, am 15. August 1943 landeten US-amerikanische und kanadische Truppen auf Kiska, die letzten japanischen Truppen (ca. 6.000 Mann) hatten die Insel aber schon zwei Wochen zuvor unbemerkt verlassen.

Die japanische Strategie der Inselstützpunkte war dramatisch schiefgegangen. Am 10. Juli 1943 starteten von einem gerade fertiggestellten Flugfeld auf Attu acht mittlere Bomber vom Typ B-25-Mitchell und bombardierten Paramushiro. Weitere Angriffe (die man mit der Besetzung Attus hatte verhindern wollen) folgten. Das, was die Japaner unbedingt hatten verhindern wollten, war jetzt eingetreten. ■

# Maxson-Vierling im Kalten Krieg

## Die leichte Flak der niederländischen Streitkräfte

Hagen Seehase

DAF 328 mit Maxson-Vierling.
Der DAF 328 war eigentlich eine Artillerie-Zugmaschine.
Foto: Beeldbank Defensie

**Die niederländischen Flugabwehrabteilungen (»Luchtdoelafdelingen«) machten von dem alten amerikanischen Flakvierling mit seinen vier Browning-MG im Kaliber .50 noch Verwendung, als man andernorts längst zu moderneren Systemen übergegangen war.**

Normalerweise sind eineiige Vierlinge nicht gerade üblich, bekannte Ausnahmen sind a) Gürteltiere und b) leichte Flak. Bei Letzterem wären vor allem die deutsche 20-mm-Flak in Vierlingslafette und die amerikanische .50-Flak auf Maxson-Vierlingslafette zu nennen.

Hinsichtlich Geschossgewicht, Reichweite, also modern gesprochen »Letalität«, war natürlich der deutsche Vier-

ling überlegen, aber er hatte auch seine Schwächen. Zwei Ladeschützen mussten ständig die leergeschossenen 20-Schuss-Magazine wechseln, während der Richtschütze die Waffe mittels zweier Handkurbeln manuell richtete.

Da hatte es der Richtschütze der amerikanischen M45 Quadmount doch viel einfacher. Er konnte die um 360 Grad drehbare Lafette elektrisch drehen, auch das Höhenrichten (von –10° bis +90°) ging elektrisch. Dafür hatte man zwei stabile Sechs-Volt-Akkus an Bord.

Alle vier Rohre konnte man simultan abfeuern, Standard war jedoch, erst mit oberem Rohrpaar zu feuern, dann mit dem unterem und immer abzuwechseln. Das verhinderte recht zuverlässig Überhitzung und zögerte so den Rohrwechsel hinaus. Waren die 200-Schuss-Gurtkästen (von den körperlich geforderten Ladeschützen »Tombstone« genannt) aber erst mal leer, musste man den Gurt neu einlegen, und das dauerte dann etwas.

## Einsatzgebiete

Hauptsächlich eingesetzt wurde der von der Firma W. L. Maxson Corporation entwickelte, dann aber ausschließlich von Kimberly-Clark bzw. Landers, Frary & Clark in großer Stückzahl (13.070 Exemplare) produzierte Vierling von den Flugabwehreinheiten der U.S. Army. Zur Erfolgsgeschichte wurde der Flakvierling,

M-16-Halbkettenfahrzeug mit Flakvierling auf einer Parade 1956 in Ede. Die Fahrzeuge kamen aus amerikanischen Beständen.
Foto: Koninklijke Landmacht

M16-Flugabwehrfahrzeug der niederländischen Armee. Gut erkennbar sind die als »Tombstone« (Grabstein) bezeichneten Magazine. Foto: Nationaal Archief

M-55-Vierling der mit Hawk-Raketen ausgerüsteten und in Deutschland stationierten 5e Groep Geleide Wapens (5 GGW) am Steinhuder Meer 1967. Foto: Beeldbank Defensie

als man ihn auf den Halftrack montierte. Das Fahrzeug (M16 Multiple Gun Motor Carriage) bewährte sich gegen deutsche und japanische Tiefflieger und auch gegen Bodenziele. Im Koreakrieg wurde es zum Beschuss nordkoreanischer und chinesischer Stellungen und Massenangriffe benutzt und war dabei so erfolgreich, dass man davon noch einmal 1.200 durch Umbau vorhandener Halftracks fertigte. Viele gab man an Streitkräfte verbündeter Länder ab, auch die neugegründete Bundeswehr erhielt welche (der M16 war die einzige Variante des Halftracks, der bei der Bundeswehr lief). Bei der französischen Armee, genauer gesagt bei den Gebirgsjägern der 27ème Division Alpine, verwendete man den M16 mit seinem Vierling noch bis zur Mitte der 1980er-Jahre, weil die Entwicklung eines Nachfolgemodells (eine Variante des VAB mit zwei 20-mm-Kanonen) erfolglos blieb. Der Halftrack hatte also inzwischen ausgedient, die auf einem gezogenen Anhänger verlasteten Quadmounts noch nicht ganz.

Am Ende seiner taktisch sinnvollen Einsatzfähigkeit war der MG-Vierling allerdings schon früher wirklich angekommen, den Einsatz als Hauptbewaffnung etlicher zur Konvoisicherung verwendeten Gun Trucks, wie von den Amerikanern im Vietnamkrieg höchst erfolgreich eingesetzt, mal ausgenommen.

Denn im Zeitalter der Düsenjets brauchte man eigentlich schweres Kaliber. Mit dem .50er-Browning einem anfliegenden Jagdbomber entgegenzuschießen, machte noch Sinn. Einen vorbeifliegenden Jet damit abschießen zu wollen, war ein Lotteriespiel, einem davonfliegenden Jet hinterherzuballern, eine Verzweiflungstat.

DAF YA-328 des niederländischen Heeres in einer Kaserne in den Niederlanden. Foto: Beeldbank Defensie

Einige chronisch unterfinanzierte NATO-Streitkräfte mochten auf die Waffe nicht verzichten und setzten sie verlastet auf einem kleinen zweirädrigen Anhänger noch in den 1980ern ein, so etwa die dänische Armee. Immerhin gab (und gibt) es die passende Munition in ausreichendem Maß. Die ursprüngliche Nomenklatur ist etwas verwirrend: Die Lafette (mount) trug das Kürzel M45, der kleine Anhänger (trailer) das Kürzel M20, die Kombination (trailer/mount) hieß dann M55. Aber auch der Anhänger selbst hatte seine Tücken, wirklich schnell konnte man damit wegen seiner zwei kleinen Ballonreifen nicht fahren, durch schweres Gelände auch nicht.

Das belgische Heer behalf sich, indem man den Vierling auf einen Bedford-RL-Lastwagen montierte. Die Niederländer, genauer gesagt deren Heer und Luftwaffe (beide wesentlich großzügiger finanziert), behielten Veteranen auch im Arsenal. Eine NATO-Forderung nach besserem Schutz der Luftwaffenstützpunkte führte 1967 zur Einführung des Vierlings (auf Zweiachs- und auf Vierachsanhänger) bei der Luftwaffe. Insgesamt 70 Systeme übernahm man vom Heer. Hawk-Batterien (von denen seit 1963 einige auch in Deutschland stationiert waren) schützte man mit den Vierlings-MG gegen Tiefflieger.

## Verwendung im niederländischen Heer und in der Luftwaffe

Bei den Luchtdoelafdelingen beider Teilstreitkräfte fand der Maxson-Vierling also seine Verwendung, und zwar von Biak (Neuguinea) bis Blomberg (Lippe). Die Bandbreite der Varianten reichte von der ortsgebundenen Flak (eingebaut

Maxson-Vierling in Niederländisch-Neuguinea 1962, damals gehörte das Territorium noch nicht zu Indonesien. Foto: Beeldbank Defensie

Waffenausbildung am Maxson-Vierling bei der niederländischen Luftwaffe an der Luchtmacht Militaire Opleidingen School 1979.
Foto: Beeldbank Defensie

Ortsgebundene Vierlingsflak auf einem Bunker der IJssellinie bei Olst.
Foto: HenkvD, CC BY-SA 3.0

in der IJssellinie), über mobile Flak auf Zwei- oder Vierradanhänger (vor allem bei der Luchtmacht, Luftwaffe) bis hin zu »Gun Trucks«, die Firma Hanomag war da bei den Luftstreitkräften führend, die Firma DAF beim Heer.

Der DAF YA-328, wegen seines bulligen äußeren Erscheinungsbilds von den niederländischen Soldaten »Dicke Daf« genannt, war die naheliegende Wahl. Vom YA-328 wurden zwischen 1952 und 1958 über 4.500 Stück produziert, und zwar in vielen Variationen. Das robuste Fahrzeug kam überall durch und war zur

Aufnahme des Flakvierlings geradezu prädestiniert. Schon Mitte der 1950er-Jahre gab es den »Dicken Daf« mit dem Maxson-Turm. Den Vierling konnte man vom Trägerfahrzeug aus einsetzen, man konnte ihn aber auch mit der Hilfe von mitgeführten Ladeschienen ablasten und dann in Stellung bringen.

Ein etwas kleineres Fahrzeug als der DAF war der Hanomag AL28 der niederländischen Luftwaffe. Das Fahrzeug war das erste komplett neu entwickelte Nutzfahrzeug der Firma Hanomag nach 1945. Bei der niederländischen Luftwaffe, die ihn seit Anfang der 1960er-Jahre einsetzte, fungierte er als »Mädchen für alles«, ein paar baute man sogar zu Halbkettenfahrzeugen um. Aber wenn auch diese Lkw mit der ungewöhnlichen Last auf der Ladefläche große Feuerkraft repräsentierten, echte Flakpanzer waren sie nicht und somit etwas aus der Zeit gefallen.

Vielleicht ist die Vorliebe der Niederländer für diese Gun Trucks mit der Geschichte der Maschinengewehr-Lastkraftwagen-Kombination zu erklären, denn da waren die Niederländer Vorreiter gewesen. Zur Verteidigung ihrer kolonialen Besitzungen in Südamerika, in der Karibik und in Südostasien hatte man Lastwagen mit aufmontierten überschweren Maschinengewehren benutzt. Das war in allen Fällen eine frühe, wassergekühlte Variante des Browning Kaliber .50, die die Niederländer 1928 eingeführt hatten. Die Gun Trucks in Niederländisch-Ostindien konnten gegen die angreifende japanische Übermacht 1942 nichts ausrichten, und die Burma-Jeeps mit den überschweren MG mussten ihre Tauglichkeit in Surinam niemals unter Beweis stellen, genauso wenig wie die MG-bewaffneten Lastwagen der Mariniers (Marineinfanterie) auf Curaçao.

Im Jahr 1976 begann dann im niederländischen Heer die Epoche der echten Flakpanzer, 95 Stück Pantser Rups Tegen Luchtdoelen (offiziell) oder Cheetah (inoffiziell), einer Variante des deutschen Gepard, was natürlich einen Quantensprung gegenüber dem Dicken Daf mit Maxson-Vierling darstellte. Den verbannte man in die dritte Reihe. Nach der Heeresorganisation von 1985 diente die gezogene Variante des Vierlings (auf Lafette/Anhänger M55) noch zur Selbstverteidigung (gegen Tiefflieger) der im Rahmen der 101 Luchtdoelartilleriegroep eingesetzten drei leichten Flugabwehrbataillone, die mit ihren L/70-Flak von Bofors (Kaliber 40 mm) und eben einer Handvoll Vierlingen die Weserbrücken im Bereich des Ersten niederländischen Korps verteidigen sollten. Die insgesamt sechs Geschützzüge der Bataillone verfügten über jeweils drei L/70 und einen Vierling.

Die DAF YA-328 mit ihren Vierlingen fand man noch bei den Flak-Maschinengewehrzügen (Mitrailleurpelotons) der Territorialverteidigung. Drei dieser ausschließlich aus Reservisten bestehenden Züge gab es mit jeweils zwölf der Flugabwehrfahrzeuge. Im Ernstfall hätten sie den IJssel-Waal-Maas-Raum gegen feindliche Luftlandungen sichern sollen. In der zweiten Hälfte der 1980er-Jahre demobilisierte man diese Flugabwehreinheiten nach und nach, die eingesparten Finanzmittel wurden zum Ankauf von Stinger-Flugabwehrraketen verwendet.

Die Luchtmacht musterte ihre Vierlinge 1985 aus, da war dann auch die Ära der M-16-Flakpanzer bei den französischen Gebirgsjägern zu Ende. ■

# Frankfurt Terminal 3

## Von der Rhein-Main Airbase zu Europas modernstem Airport-Terminal

Kai Ortel

**Mehr als 25 Jahre hat es vom Beschluss bis zur Realisierung gedauert, am 23. April 2026 war es endlich so weit: Mit Terminal 3 ging am Frankfurter Flughafen die langersehnte Erweiterung auf dem südlichen Gelände des Airports in Betrieb. Terminal 3 bietet Platz für jährlich bis zu 19 Millionen Fluggäste und sichert dem Flughafen damit seine Position unter den größten und leistungsfähigsten Airports in Europa.**

Ähnlich wie in Berlin-Tegel geht auch in Frankfurt dem südlichen Teil des Flughafens eine lange und abwechslungsreiche Geschichte voraus. Im Jahr 1934 entstand hier ein Luftschiffhafen mit einer großen Zeppelinhalle, sodass man bereits bei der Eröffnung (8. Juli 1936) stolz von einem »Weltflughafen« sprach. Die Begeisterung währte jedoch nur kurz, denn nach dem Brand und Absturz der »Hindenburg« in Lakehurst ein Jahr später war

Die blauen Leuchtbuchstaben von Frankfurts IATA-Code »FRA« sind 4,50 m hoch und begrüßen die Fluggäste am neuen Terminal 3. Foto: Fraport AG

Flugsteig G am neu eröffneten Terminal 3. Foto: Fraport AG

Bereits während der Baupause ist der Schriftzug am Hauptgebäude des neuen Terminals weithin sichtbar (14. Januar 2025). Foto: Fraport AG

die Ära der Luftschiffe jäh vorbei. Der Luftverkehr in Frankfurt konzentrierte sich fortan auf den zeitgleich mit dem Luftschiffhafen eröffneten Flughafen im Norden des Areals, die beiden großen Luftschiffhallen im Süden wurden 1940 gesprengt.

Nach dem Zweiten Weltkrieg diente der südliche Geländeteil jahrzehntelang der U.S. Air Force als Basis und war zeitweilig der größte US-amerikanische Militärflughafen außerhalb der Vereinigten Staaten. Bis 2005 nutzte die Luftwaffe der USA das Gelände, als sie mit dem verbliebenen Betrieb nach Ramstein und Spangdahlem umzog. Bis zu 7.000 Soldaten und deren Angehörige waren bis dahin gleichzeitig an der weltberühmten »Rhein-Main Airbase« stationiert.

## Idee und Bau

Noch bevor die amerikanischen Streitkräfte 2005 abzogen, begannen Ende der 1990er-Jahre Gespräche zwischen der Stadt Frankfurt und der Fraport AG über einen Flughafenausbau. Auch Vertreterinnen und Vertreter der Hessischen Landesregierung, der Bevölkerung der umliegenden Dörfer und Kommunen sowie Bürgerinitiativen, Unternehmensverbände und Gewerkschaften wurden an den Gesprächen beteiligt, ehe im Juni 2000 die endgültige Entscheidung für den Ausbau fiel. Insgesamt 46 Architekturbüros aus ganz Europa reichten in der Folge ihre Ideen für das neue Terminal ein, das Rennen machten im Juni 2002 die Londoner Architekten Foster and Partners. Im anschließenden Realisierungswettbewerb setzte sich dann jedoch der Frankfurter Architekt Christoph Mäckler mit seiner Idee dreier modular aufgebauter Gebäudeteile (An- und Abflughalle, Sicherheitsgebäude und Marktplatz) durch, von denen die drei neuen Flugsteige G, H und J fingerartig abzweigen.

Das in Deutschland traditionell langwierige Planungsverfahren endete 2014 mit dem Planfeststellungsbeschluss und der Baugenehmigung. Am 15. Oktober 2015, zehn Jahre nach dem Abzug der amerikanischen Truppen, begann mit dem ersten Spatentisch dann tatsächlich der Bau des Erweiterungsterminals, das mit einem Investitionsvolumen von rund vier Milliarden Euro eines der größten privat finanzierten Infrastrukturprojekte in Europa darstellte. Die Hälfte der Bauaufträge ging übrigens an Unternehmen mit Sitz im Umkreis von 150 Kilometern zum Flughafen, Fraport sprach daher stolz von einer »Investition für

Die Gepäckausgabe am Terminal 3 während der Bauphase (10. Januar 2025). Foto: Fraport AG

Die Innenausstattung der neuen Check-in-Halle nimmt Gestalt an (10. Januar 2025). Foto: Fraport AG

Die Gepäck-Förderanlage im Flugsteig G im Bauzustand (13. April 2022). Foto: Fraport AG

die Region«. Organisatorisch lag der Bau von Terminal 3 in der Hand der Fraport Ausbau Süd GmbH (FAS), einer 100-prozentigen Tochter der Fraport AG als Betreibergesellschaft des Flughafens. Die Hauptaufgabe der FAS war nicht mehr und nicht weniger als die »kosten-, termin- und funktionsgerechte Planung und Realisierung« des Projekts »Ausbau Süd« mit dem Kernprojekt Terminal 3.

Das Großprojekt startete zwischen November 2015 und Mai 2016 mit dem Trockenaushub auf einer Fläche von 66.000 Quadratmetern. Eine 5,50 Meter tiefe Baugrube wurde ausgehoben, bis zu 300 Lkw-Ladungen Erdreich pro Tag wurden von der Großbaustelle abtransportiert. Anschließend startete die Straßenerschließung (Juni 2016), erst danach konnte mit dem Spezialtiefbau begonnen werden (Sommer 2017). Weitere acht bis elf Meter ging es nun in die Tiefe (unter Grundwasserniveau), wo in den Untergeschossen des neuen Terminals die komplexe Technik ihre Heimat finden sollte. Ganze 46.000 Quadratmeter Spundwände wurden hierzu ins Erdreich eingezogen, 270.000 Kubikmeter Beton verfüllt und 60.000 Tonnen Stahl verbaut. Im März 2018 erfolgte die Auftragsvergabe für die neue Sky-Line-Bahn, die künftig die beiden alten Terminals 1 und 2 mit dem neuen auf der gegenüberliegenden Flughafenseite verbinden sollte.

Die Trasse der neuen Sky-Line-Bahn, die das Terminal 3 mit den alten Terminals 1 und 2 verbindet (29. Juli 2024). Foto: Fraport AG

Im Januar 2019 begann man mit dem Rohbau der neuen Flugsteige H und J, ehe am 29. April ein weiterer Meilenstein erreicht wurde: Die Grundsteinlegung für das neue siebengeschossige Terminalhauptgebäude wurde gefeiert. Auch die neue Sky-Line-Bahn wurde ab dem Sommer parallel dazu und bei laufendem Betrieb an den alten Terminals gebaut. Ende 2019 war der Tiefbau weitgehend abgeschlossen; die letzten Wassergruben wurden mit Beton verfüllt, das Fundament für das Hauptgebäude gegossen. In einem Werbevideo aus dieser Zeit staksen Avatare durch das futuristische Terminal, das zunächst für 21 Millionen Passagiere jährlich geplant war, im »Vollausbau« sogar für 25 Millionen. Im Jahr 2022 wollte man eröffnen, doch dann kam Corona.

Die Gepäckausgabehalle ein Jahr vor der Fertigstellung (10. Januar 2025). Foto: Fraport AG

Die Tropfendecke ist das optische Highlight auf dem »Marktplatz«, jener Shoppingwelt, die zwischen den Sicherheitskontrollen und den Gates liegt (8. Januar 2025). Foto: Fraport AG

## Planungen und Umplanungen

Bis 2019 war das Fluggastvolumen am Frankfurter Flughafen so stark gewachsen, dass man mit einer Auslastung der Terminals 1 und 2 früher rechnete als Anfang der Dekade prognostiziert. Bereits 2018 hatte man daher entschieden, den zweiten Bauabschnitt von Terminal 3 zeitlich vorzuziehen und Flugsteig G am

Erweiterungsbau vorzeitig und unabhängig von H und J zu eröffnen. Zunächst hieß es 2020 auch noch, man wolle »trotz Krise am Ausbau festhalten«, dann wurde jedoch schnell klar, dass der pandemiebedingte Einbruch der Fluggastzahlen eine neue Bedarfsplanung erforderlich machte. In dieser war von einer vorzeitigen Eröffnung von Flugsteig G nicht mehr die Rede, und man kehrte zu der ursprünglichen Planung einer gleichzeitigen Eröffnung aller zunächst drei Flugsteige zu einem späteren Zeitpunkt zurück.

Allerdings hatte auch am Frankfurter Flughafen die Pandemie diverse Zeitpläne durcheinandergeworfen. Während die neue Realität bei holprigen Lieferketten und Personalknappheit einen verstärkt digitalen und virtuellen Austausch zwischen Bauteams und Planern erforderlich machte, verschob man die ursprünglich für 2022 geplante Eröffnung von Terminal 3 zuerst auf 2025, dann auf 2026. Dennoch ging es bereits im Sommer 2020 an den Innenausbau des neuen Hauptgebäudes. Im Herbst war der Rohbau kellerfertig, sodass mit der Installation von Rohren, Leitungen, Heiz- und Kältetechnik begonnen werden konnte.

Im Jahr 2021 ging der Bau mit der Errichtung des Towers voran, der an der Schnittstelle zwischen dem Hauptgebäude und den drei Flugsteigen 70 Meter in die Höhe ragt. Auch das Dach für die 18 Meter hohe An- und Abflughalle nahm man in diesem Jahr in Angriff, genauso wie den Marktplatz, das Herzstück des Hauptgebäudes. Im April 2022 war Flugsteig G »baulich fertiggestellt«, die Flugsteige H und J folgten im Oktober 2024 bzw. Juli 2025. In der Zwischenzeit wurde auch das neue Parkhaus errichtet sowie die Trasse für die neue Sky-Line-Bahn. Und das alles trotz Ukraine-Krieg, Suezkanal-Sperrung und anderer Widrigkeiten, die abermals Kreativität bei Planung und Umplanung erforderten.

Die neuen Grenzkontrollschalter im Flugsteig G müssen auf diesem Foto noch vier Jahre auf ihre Inbetriebnahme warten (12. April 2022). Foto: Fraport AG

Ende 2025 erfolgten die behördlichen Abnahmen, danach ging es an das »Finetuning«: den Einbau der 19 Sicherheitskontrollspuren mit modernen CT-Scannern, den Ausbau der Gastronomie- und Retail-Flächen sowie fortlaufende Tests der Gepäckförderbänder. Parallel dazu probten in den ersten Monaten des Jahres 2026 rund 8.000 Statisten wochenlang alle Anlagen im Testbetrieb, ehe es zwei Wochen nach Ostern ernst wurde: Am 23. April nahm Terminal 3 nach über zehnjähriger Bauzeit seinen Betrieb auf.

## Eine neue Ära

Wer künftig mit dem Auto direkt zum Terminal 3 fährt, profitiert von den zehn Kilometern neuer Straßen, die eigens für diesen Zweck gebaut wurden. Hierzu gehört südlich des Frankfurter Kreuzes, an dem sich die Autobahnen A3 und A5 treffen, ein neuer mehrteiliger Abzweig von der A5 (Ausfahrt Zeppelinheim) sowie eine neue Entlastungsstraße (»Am Luftbrückendenkmal«), die parallel zur A5 das Gewerbegebiet »Gateway Gardens« im Norden des Flughafengeländes mit dem Terminal 3 verbindet. Bei der Ankunft finden Autofahrer eine Drop-off-Zone direkt vor dem Terminal sowie das neue achtgeschossige Parkhaus P10/11 mit 8.500 Stellplätzen.

Reisende, die mit Bus oder Bahn am Frankfurter Flughafen ankommen, gelangen mit der erweiterten Sky-Line-Bahn zum Terminal 3. Die vollautomatische und fahrerlose Bahn, die bisher lediglich die Terminals 1 und 2 miteinander verbunden hat, fährt nun zusätzlich auf 5,6 Kilometer Strecke halbkreisförmig um das östliche Flughafenareal herum und erreicht Terminal 3 innerhalb von acht Minuten. Sie kann pro Stunde und Richtung 4.000 Passagiere befördern und soll

Blick in das neue Parkhaus am Terminal 3. Jedes der acht Parkdecks ist in einer anderen Farbe gehalten. Foto: Fraport AG

Blick auf das Hauptgebäude von Terminal 3 mit den Flugsteigen H (links) und J (rechts).
Foto: Fraport AG

zu Stoßzeiten künftig alle zwei Minuten verkehren. Insgesamt 3.500 Meter der Wegstrecke verläuft die neue Sky-Line-Linie auf Stelzen, 2.100 Meter ebenerdig.

»Modern, aber mit Wohlfühlatmosphäre« soll Terminal 3 nach den Wünschen seines Architekten Christoph Mäckler daherkommen. Nicht als Transit-, sondern vielmehr als Stadtbauwerk wirken – mit Flugsteigen, Gates und Lounges, die in ihrer Anmutung die Straßen, Plätze und Cafés einer belebten Innenstadt aufgreifen. Ein Ort, an dem Menschen arbeiten, einkaufen, essen und sich entspannen – und eben auch verreisen. Eine angenehme Atmosphäre soll zusätzlich dadurch geschaffen werden, dass die Räume lichtdurchflutet und in warmen Naturtönen gehalten sind, damit sie zum Verweilen einladen. »Eine neue Ära hat begonnen«, jubelte die Fraport AG angesichts der Symbiose aus Form und Funktion.

Doch auch technisch setzt Terminal 3 neue Maßstäbe: Die 99 Aufzüge und 89 Rolltreppen sind digital miteinander vernetzt, um ein Maximum an Komfort und Service zu gewährleisten. Fraport verspricht »smarte und schlanke Prozesse vom Check-in bis zur Sicherheitskontrolle«, was die 112 Self-Check-in- und Fast-Bag-drop-Stationen genauso umfasst wie 15 Gepäckausgabebänder und moderne CT-Scanner. Letztere ermöglichen (wieder) die Mitnahme von bis zu zwei Liter Flüssigkeit im Handgepäck – und das ohne den berüchtigten transparenten Beutel, den man nie zur Hand hatte. Auch Laptops und Tablets können künftig im Handgepäck verbleiben, ohne bei der Sicherheitskontrolle mühsam aus- und wieder eingepackt zu werden.

Haben die Fluggäste die Abflughalle und den Sicherheitsbereich durchlaufen, finden sie sich auf dem »Marktplatz« wieder, der ebenfalls mehr sein soll als der lästige schlauchartige Duty-free-Shop, den man auf so vielen anderen Flughäfen kennen- und hassen gelernt hat. »Angesagte Marken, internationale Top-Labels und typisch deutsche Highlights« verspricht der Frankfurter Flugha-

Testbetrieb am Flugsteig G (10. Januar 2025). Foto: Fraport AG

fen auf den 6.000 Quadratmetern Retail-Fläche, die das Terminal 3 beherbergt. Weitere 6.000 Quadratmeter stehen überdies gastronomischen Einrichtungen und »hochwertigen Lounges« zur Verfügung, die über Rollgehsteige miteinander verbunden sind. Über all dem schwebt die »Tropfendecke«, ein Kunstwerk von 94 Meter Länge und 22 Meter Breite, das aus 3.000 einzeln gefertigten Aluminiumröhrchen besteht.

## Betriebsstart und »Kinderkrankheiten«

Von den 83 Fluggesellschaften (Sommerflugplan 2026) sind jene 57 Airlines Erstnutzer des neuen Terminals, die bislang am Terminal 2 angesiedelt waren. Hierzu gehören neben den Asien-Carriern Cathay Pacific und China Airlines auch die drei großen Golf-Airlines, Emirates, Etihad und Qatar. Auch American Airlines, Delta, British Airways und Air France sind bereits an das Terminal 3 gewechselt. Sie zogen zusammen mit anderen Skyteam- und Oneworld-Gesellschaften gestaffelt am 23. April, 5. Mai, 19. Mai und 9. Juni an das südliche Terminal um, wo künftig Flüge in den Schengen- wie in den Nicht-Schengenraum durchgeführt werden. Weitere Airlines folgen im weiteren Verlauf des Jahres, Condor 2027. Hintergrund des Umzugs ist die geplante vorübergehende Schließung und Komplettsanierung des 1994 in Betrieb genommenen Terminal 2, für die Fraport einen Zeitrahmen von mindestens drei Jahren ansetzt. Es soll ab der zweiten Jahreshälfte 2026 nicht nur auf den neuesten Stand der Technik gebracht, sondern auch mit Terminal 1 verschmolzen werden. Hauptkunde wird dann die Lufthansa bzw. die Star Alliance sein.

Vorher gilt es jedoch noch eine »Kinderkrankheit« in den Griff zu bekommen. Ende Mai legte nämlich die neue Sky-Line-Bahn auf ihrer Fahrt zum Terminal 3 plötzlich unvermittelt Stopps ein, sodass Fraport gezwungen war, die Bahnverbindung für eine »technische Überprüfung« der Systeme außer Betrieb zu nehmen. »Voraussichtlich mehrere Wochen« sollten die Analyse und die anschließende Reparatur der 500 Mio. € teuren Trasse bzw. der Züge selber andauern, vermutlich bis zum Beginn der Hauptreisesaison im Sommer. Siemens Mobility und Fraport arbeiteten dabei eng zusammen, bis dahin übernahmen 20 Shuttle-Busse die Passagierbeförderung zum Terminal 3. Die Busse verkehrten tagsüber im Zwei- bis Drei- und nachts im Zehnminutentakt. Die bestehende Sky-Line-Bahn zwischen den Terminals 1 und 2 war von dem Ausfall nicht betroffen. Am 15. Juni konnte die reparierte Sky-Line-Bahn ihren Betrieb wieder aufnehmen.

## Die Zukunft

Perspektivisch könnte am Terminal 3 auch noch der dritte Bauabschnitt umgesetzt werden, der mit Flugsteig K einen vierten Fingerpier ähnlich G, H und J umfasst. Er soll »nach Bedarf« realisiert werden, allerdings ist dieser Bedarf aktuell nur mit viel gutem Willen zu erkennen. Am neuen Terminal 3 können nämlich bereits jetzt ca. acht Millionen mehr Fluggäste abgefertigt werden als am alten Terminal 2. Zudem hinken die Fluggastzahlen auch am Frankfurter Airport insgesamt noch immer denen aus der Vor-Corona-Zeit (63 Mio. im Jahr 2025 gegenüber 71 Mio. im Jahr 2019) hinterher. Geopolitische Turbulenzen wie der Ukraine- und der Golfkrieg, zu erwartende Erhöhungen beim Kerosin-preis und eine veränderte Flottenpolitik der Lufthansa erschweren eine Prognose zusätzlich. Fürs Erste bleibt also im Terminal 3 alles, wie es ist. Schon das ist eine Leistung, auf die alle an Planung, Bau und Inbetriebnahme Beteiligten stolz sein können. ■

Das Hauptgebäude von Terminal 3 ein Jahr vor der Inbetriebnahme (14. Januar 2025).
Foto: Fraport AG

# JetZero

## Die Rückkehr des Nurflügler-Konzepts in die Verkehrsluftfahrt?

Tim F. Kramer

Modellhafte Darstellung des JetZero Blended-Wing-Body-Verkehrsflugzeugs Z4. Der breite Mittelteil erzeugt selbst Auftrieb und geht ohne klassischen Rumpfübergang in die Tragflächen über. Foto: JetZero

**Die zivile Luftfahrt steht vor einem Dilemma: Sie soll weiter wachsen, zugleich aber immer weniger Treibstoff verbrennen, weniger $CO_2$ ausstoßen und langfristig klimaverträglicher werden. Verbesserungen an heutigen Flugzeugen – leichtere Materialien, effizientere Triebwerke, aerodynamische Feinarbeit – bringen zwar Fortschritte, doch sie folgen einem ausgereizten Grundmuster: Rumpf, Leitwerk, Tragflächen und darunter zwei oder mehrere Triebwerke. Das kalifornische Unternehmen JetZero will genau dieses Schema mit dem Entwurf ihres »Blended Wing Body«-Entwurfs nun aufbrechen.**

Verkehrsflugzeuge sollen heute mehr Menschen und Märkte verbinden denn je, Fracht schneller transportieren, und zugleich soll ihr Klimafußabdruck drastisch verringert werden. Doch genau hier liegt das Problem:

Zwar sind die Maschinen in den vergangenen Jahrzehnten immer effizienter geworden, doch große Sprünge werden immer schwieriger.

Der Airbus A350 und die Boeing 787 haben gezeigt, was moderne Werkstoffe, neue Triebwerke und eine sorgfältig berechnete Aerodynamik leisten können. Gegenüber älteren Langstreckenflugzeugen sparen sie erheblich an Treibstoff. Die jüngsten Mittelstreckenflugzeuge wie Airbus A320neo oder Boeing 737 MAX profitieren vor allem von effizienteren Triebwerken. Doch all diese Muster bleiben Kinder derselben Grundidee: ein zylindrischer Rumpf für Passagiere und Fracht, daran ein tragender Flügel, hinten Leitwerke, dazu Triebwerke unter oder an den Tragflächen.

Modellhafte Darstellung des JetZero Z4 über einem Football-Stadion. Foto: JetZero

Dieses Layout hat enorme Vorteile. Es ist erprobt, zertifizierbar, wartbar und passt in die bestehende Flughafen-Infrastruktur. Zudem ist eine druckbelüftete Kabine leicht realisierbar. Es hat jedoch auch einen entscheidenden Nachteil: Der Rumpf trägt nur wenig zum Auftrieb bei, verursacht Gewicht und einen hohen Luftwiderstand. Genau hier will JetZero ansetzen.

Das Unternehmen arbeitet an einem sogenannten Blended Wing Body (BWB). Rumpf und Tragfläche gehen dabei fließend ineinander über. Der zentrale Körper ist nicht mehr ein zylindrischer »Rohrkörper«, sondern selbst Teil des tragenden Flügels. JetZero verspricht durch diese Konstruktion eine Verbrauchsreduzierung von bis zu 50 Prozent gegenüber heutigen Flugzeugen ähnlicher Größe. Das ist eine gewaltige Ansage. Sollte sie auch nur annähernd erreicht werden, wäre der Entwurf einer der wichtigsten Schritte in der Verkehrsluftfahrt seit Einführung der Strahltriebwerke. Doch zwischen einer kühnen Idee und einem zugelassenen Verkehrsflugzeug liegen Welten.

## Was ist ein Blended Wing Body?

Ein Blended Wing Body besitzt einen breiten, dicken Mittelteil, der Passagiere, Fracht, Treibstoff oder militärische Nutzlast aufnehmen kann. Dieser Teil geht aerodynamisch weich in die Tragflächen über. Er ist also Rumpf und Flügel zugleich.

Genau darin liegt der Reiz. Bei einem konventionellen Verkehrsflugzeug erzeugt vor allem der Flügel Auftrieb. Der Rumpf dagegen muss Druckkabine, Passagiere, Gepäck und Fracht aufnehmen, erzeugt aber einen sehr hohen Luftwiderstand. Beim BWB wird ein größerer Teil der Gesamtstruktur zum Auftriebskörper. Das kann den induzierten Widerstand senken, die Auftriebsverteilung verbessern und theoretisch ein günstigeres Verhältnis von Nutzlast, Strukturgewicht und Treibstoffverbrauch ermöglichen.

Hinzu kommt die Triebwerksintegration. Die Triebwerke können oben auf dem hinteren Mittelteil angeordnet werden. Das hat mehrere Vorteile: Die Zelle kann Lärm nach unten abschirmen, die Triebwerke sind teilweise vor Fremdkörperschäden geschützt, und der hintere Teil ist aerodynamisch günstiger. Gleichzeitig entstehen jedoch neue Herausforderungen, etwa bei Wartung, Brandschutz,

In Göttingen entstand 1943 unter Leitung der Brüder Reimar und Walter Horten der Nurflügler Horten H IX – ein großteils aus Holz gebauter Zweistrahler, der zwar 1944 erstmals flog, allerdings bei einem späteren Testflug nach einem Triebwerkausfall abstürzte. Die Serienausführung sollte die Bezeichnung Horten Ho 229 tragen. Foto: Sammlung Tim Kramer

Die Northrop XB-35 bzw. YB-35 (Northrop NS-9) war ein US-amerikanischer schwerer Bomber in Nurflügel-Bauweise. Das Experimentalflugzeug wurde während und kurz nach dem Zweiten Weltkrieg für die damalige United States Army Air Forces entwickelt. Foto: U.S. Air Force

Die Northrop YB-49 zeigte bereits Ende der 1940er-Jahre, wie weit die Nurflügelidee kombiniert mit Strahltriebwerken damals technisch vorangetrieben werden konnte. Ohne digitale Flugsteuerung blieb das Konzept jedoch schwer beherrschbar. Foto: U.S. Air Force

Die ebenfalls als Nurflügler ausgelegte Northrop B-2 ist der wohl bekannteste Tarnkappenbomber der Welt. Sie wird ausschließlich von der United States Air Force eingesetzt. Foto: U.S. Air Force

Schubumkehr, Strömungsablösung und der Integration großer moderner Mantelstromtriebwerke. Der Blended Wing Body ist also nicht nur ein hübscher Design-Gag. Es handelt sich um eine grundsätzlich andere Flugzeugarchitektur.

## Ursprünge – der Traum vom reinen Flügel

Die Idee ist keineswegs neu. Sie begleitet die Luftfahrt seit ihren Anfängen. Schon in den 1910er- und 1920er-Jahren experimentierten Konstrukteure mit schwanzlosen Flugzeugen. In Deutschland wurde Alexander Lippisch zu einem der wichtigsten Vordenker. Seine delta- und schwanzlosen Entwürfe beeinflussten später zahlreiche Projekte, vom Segelflieger bis zum Hochgeschwindigkeitsflugzeug.

Besonders bekannt wurden jedoch Reimar und Walter Horten aus Bonn. Ihre Nurflügler waren radikal, elegant und ihrer Zeit weit voraus. Die Horten Ho 229, ein strahlgetriebener Nurflügler aus der Endphase des Zweiten Weltkriegs, blieb zwar ein Versuchsmuster, fasziniert aber bis heute. Sie war zwar kein einsatzreifes Wunderflugzeug, zeigte aber, welches Potenzial in der Bauform steckt.

In den USA verfolgte Jack Northrop denselben Traum mit großer Beharrlichkeit. Er war überzeugt, dass der Nurflügler das effizienteste Flugzeug der Zukunft sei. Seine riesigen Propellerbomber YB-35 und die strahlgetriebene YB-49 waren beeindruckende Maschinen. Dennoch scheiterten sie. Die Technik war noch nicht reif, die Steuerung großer schwanzloser Flugzeuge schwierig, und die Anforderungen des Militärs änderten sich ständig. Statt des Nurflüglers setzte sich die konventionelle B-52 durch – ein Flugzeug, das bis heute im Einsatz ist.

Das Grundproblem lag in der Stabilität. Ein schwanzloses Flugzeug kann sehr effizient sein, verlangt aber eine präzise Steuerung. Ohne digitale Flugsteuerung und schnelle Computer war dies nur schwer umzusetzen. Piloten mussten ein Flugzeug kontrollieren, das aerodynamisch empfindlich war und in manchen Bereichen wenig gutmütig reagierte.

Erst mit Fly-by-Wire-Steuerung, leistungsfähigen Rechnern und moderner Avionik wurde das Problem lösbar. Die Northrop Grumman B-2 Spirit bewies schließlich, dass ein großer Nurflügler praktisch einsetzbar sein kann. Auch der kommende B-21 Raider folgt diesem Prinzip. Im militärischen Bereich hat sich der fliegende Flügel also längst etabliert – allerdings als hochspezialisiertes, extrem teures Tarnkappenflugzeug, nicht als ziviles Serienprodukt.

## Zivile Studien: immer wieder kurz vor dem Durchbruch

Auch in der zivilen Luftfahrt wurde der Blended Wing Body nie ganz vergessen. In den 1990er-Jahren untersuchten McDonnell Douglas, später Boeing und die NASA, große BWB-Verkehrsflugzeuge. Die Grundannahme war verlockend: Wenn ein solches Flugzeug Hunderte Passagiere transportieren könnte und dabei deutlich weniger Treibstoff verbrauchen würde, wäre es der logische Nachfolger klassischer Langstreckenflugzeuge.

Der NASA/Boeing X-48-Demonstrator liefert wichtige Daten zur Steuerung und Aerodynamik von Blended-Wing-Body-Flugzeugen. Foto: NASA

Die NASA und Boeing testeten mit den X-48-Demonstratoren unbemannte verkleinerte Fluggeräte. Diese lieferten wichtige Daten zu Stabilität, Steuerbarkeit und Aerodynamik. Sie zeigten, dass ein BWB steuerbar ist und dass moderne Flugregelung die typischen Probleme schwanzloser Konfigurationen beherrschbar machen kann.

Auch Airbus hat das Thema aufgegriffen. Der 2020 vorgestellte MAVERIC-Demonstrator war klein, aber symbolisch bedeutsam. Er zeigte, dass auch Europas größter Flugzeugbauer die Bauform ernst nimmt. Parallel dazu arbeitet die TU Delft gemeinsam mit KLM am »Flying-V«, einem V-förmigen Flugzeug, bei dem Passagiere, Fracht und Treibstoff in den Flügelarmen untergebracht sind.

Dennoch hat es bisher kein ziviler Nurflügler in den Linienbetrieb geschafft. Das liegt aber nicht daran, dass die Idee aerodynamisch unsinnig wäre, sondern daran, dass ein Verkehrsflugzeug weit mehr ist als ein aerodynamisch günstiger Körper. Es muss wirtschaftlich, wartbar, zertifizierbar, evakuierbar, produzierbar und für Passagiere akzeptabel sein. Und genau daran sind radikale Entwürfe bisher gescheitert.

## Warum Verkehrsflugzeuge so konservativ aussehen

Flugzeuge sehen nicht zufällig so aus, wie sie aussehen. Der klassische Rumpf-Flügel-Entwurf ist ein Kompromiss aus Aerodynamik, Struktur, Sicherheit, Betrieb und Infrastruktur. Er ist nicht perfekt, aber unglaublich robust.

Ein zylindrischer Rumpf ist ideal für eine Druckkabine. Er nimmt die Druckdifferenz zwischen Kabine und Außenluft effizient auf. Türen, Fenster, Frachträume und Notausgänge lassen sich gut integrieren. Passagiere sitzen in Reihen, Gänge sind klar definiert, Boarding und Evakuierung sind erprobt. Container und Paletten passen in standardisierte Frachträume. Flughäfen, Gates, Fluggastbrücken, Enteisungsanlagen, Hangars und Wartungsgeräte sind auf diese Form abgestimmt.

Ein Blended Wing Body stellt vieles davon infrage. Seine Kabine ist breit und vergleichsweise flach. Passagiere sitzen nicht in einem langen Rohr, sondern in einem großflächigen Innenraum. Das wirft sofort Fragen auf: Wie viele Passagiere haben Fenster? Wie weit sitzen Menschen von Notausgängen entfernt? Wie schnell lässt sich ein solches Flugzeug evakuieren? Wie fühlt sich ein Kurvenflug an, wenn Passagiere weit außen sitzen? Wie werden Gepäck, Catering, Toiletten, Crew-Ruhebereiche und Servicezonen angeordnet? Wie verhindert man, dass die Kabine wie ein fensterarmer Veranstaltungssaal wirkt?

Hinzu kommt die Struktur. Eine breite Druckkabine ist schwieriger zu bauen als ein zylindrischer Rumpf. Nicht kreisförmige Druckkörper benötigen zusätzliche Verstärkungen. Diese kosten Gewicht, und das wiederum frisst einen Teil des aerodynamischen Vorteils wieder auf.

## JetZero tritt auf den Plan

Das Unternehmen JetZero wurde 2021 in Long Beach, Kalifornien, gegründet und verfolgt den Ansatz eines ultraeffizienten Blended-Wing-Body-Designs, bei dem zunächst noch auf etablierte Antriebe aus dem Hause Pratt & Whitney gesetzt wird. Es soll ungefähr in der Größenordnung eines mittelgroßen Langstreckenflugzeugs liegen, also etwa 200 bis 250 Passagiere aufnehmen und mittlere bis lange Strecken bedienen können.

Das Besondere ist der doppelte Marktansatz. JetZero denkt nicht nur an Airlines, sondern auch an militärische Anwendungen. Für die U.S. Air Force ist ein solches Flugzeug besonders interessant, weil Tanker und Transportflugzeuge enorme Treibstoffmengen verbrauchen. Ein effizienterer Tanker hätte eine größere Reichweite, längere Einsatzdauer oder eine höhere nutzbare Treibstoffmenge. Ein effizienterer Transporter könnte mehr Fracht weiter fliegen oder würde bei gleicher Nutzlast weniger Betriebskosten verursachen.

Der entscheidende Schub für das Unternehmen kam 2023. Die U.S. Air Force vergab einen viel beachteten Auftrag zur Entwicklung und Erprobung eines großen BWB-Demonstrators mit einem Volumen über 235 Millionen US-Dollar. Ziel ist der Erstflug 2027. Damit ist JetZero nicht mehr nur eine futuristische Präsentation, sondern eines der spannendsten Flugzeugprogramme der Gegenwart.

## Warum das Militär helfen könnte

Viele revolutionäre Flugzeugkonzepte scheitern an dem sogenannten Valley of Death, dem Tal zwischen Forschung und Markt. Ein Konzept ist im Windkanal vielversprechend, vielleicht fliegt sogar ein Demonstrator. Doch bis daraus ein zugelassenes Serienflugzeug wird, sind Milliarden nötig. Kein Investor finanziert das gern, wenn noch unklar ist, ob Airlines das Muster später auch tatsächlich kaufen.

Hier kommt das Militär ins Spiel. Die U.S. Air Force kann ein radikales Konzept fördern, ohne sofort ein ziviles Serienflugzeug verlangen zu müssen. Für Tanker und Transporter gelten andere Prioritäten als für Passagierflugzeuge. Fensterplätze spielen keine Rolle. Kabinenpsychologie ist zweitrangig. Entscheidend sind Reichweite, Nutzlast, Betriebskosten, taktische Flexibilität und Überlebensfähigkeit.

Als Tanker bietet ein BWB mehrere potenzielle Vorteile. Der breite Mittelteil schafft großes internes Volumen für Treibstoff. Die aerodynamische Effizienz kann den Eigenverbrauch senken. Die Triebwerke auf dem Rücken könnten die Signatur verringern. Die Form könnte gegenüber konventionellen Tankern zumindest gewisse Vorteile bei der Radarrückstrahlung bieten, auch wenn ein Tankflugzeug sicher kein Tarnkappenbomber ist.

Für die Nutzung als Transporter wiederum könnte der breite Innenraum nützlich sein. Allerdings ist die Frachtlogistik kompliziert. Militärische Fahrzeuge, Paletten und Container verlangen große Tore, belastbare Böden und klare Beladewege. Ein breiter, flacher Rumpf ist dafür nicht ideal. Doch das Militär kann hier eher eigene Standards entwickeln als eine Airline, die weltweit mit bestehender Flughafenlogistik arbeiten muss.

Für JetZero ist die militärische Förderung deshalb eine Brücke. Wenn der Demonstrator fliegt und realistische Daten liefert, steigt die Chance, zivile Partner und industrielle Großunternehmen zu gewinnen.

## Die Zahl, die alle elektrisiert: 50 Prozent weniger Kraftstoffverbrauch

JetZero nennt als Ziel eine Treibstoffersparnis von bis zu 50 Prozent. Diese Zahl ist spektakulär – und sie muss genau betrachtet werden. Ein Flugzeug spart nicht allein durch seine Form die Hälfte des Treibstoffs ein. Die Bauform selbst kann zwar tatsächlich erhebliche Vorteile bringen – ein Blended Wing Body hat weniger benetzte Fläche pro Nutzvolumen, kann eine günstigere Auftriebsverteilung erzielen und nutzt den zentralen Körper als Auftriebserzeuger –, doch 50 Prozent allein aus Aerodynamik sind kaum realistisch.

Solche Werte entstehen nur aus mehreren Bausteinen: bessere Aerodynamik, günstigere Auftriebsverteilung, geringeres Strukturgewicht pro Sitz oder Nutzlast, moderne Triebwerke, leichtere Werkstoffe, optimierte Systeme und effizienterer Betrieb.

Viele Fachleute halten daher 20 bis 30 Prozent Effizienzgewinn durch die Architektur für plausibler, wenn das Design konsequent umgesetzt wird. (Tatsächlich hat JetZero erste Erwartungen dahingehend mittlerweile etwas angepasst.) Weitere Einsparungen könnten durch neue Triebwerke, leichtere Materialien und einen optimierten Betrieb hinzukommen. So wird aus einer ambitionierten Gesamtzahl ein technisch denkbares, aber keineswegs einfaches Ziel.

Als militärischer Tanker könnte ein BWB besonders interessant sein: großes internes Volumen, hoher aerodynamischer Wirkungsgrad und potenziell geringere Betriebskosten. Foto: JetZero

**TECHNISCHE DATEN JETZERO Z4**
(Geplante bzw. öffentlich kommunizierte Zielwerte)

| | |
|---|---|
| Konfiguration | Blended Wing Body |
| Verwendung | Verkehrsflugzeug, Frachter, militärischer Tanker/Transporter |
| Passagierkapazität | etwa 200 bis 250 Passagiere |
| Reichweite | ca. 9.000 km |
| Antrieb | zwei Pratt & Whitney PW2040 Turbofans |
| Triebwerksanordnung | voraussichtlich oberhalb/hinten auf dem Flügelkörper |
| Verbrauchsziel | bis zu 50 Prozent weniger Treibstoff gegenüber heutigen Vergleichsmustern |
| Demonstrator | großer, bemannter Demonstrator geplant |
| Ziel Erstflug | 2027 |

Zum Vergleich: Zwischen großen Flugzeuggenerationen liegen typische Effizienzsprünge von etwa 15 bis 25 Prozent. Boeing 787 und Airbus A350 waren gegenüber älteren Langstreckenmustern vor allem durch neue Triebwerke, Verbundwerkstoffe und bessere Aerodynamik deutlich sparsamer. Ein völlig neues Layout muss diese Werte übertreffen, sonst lohnt sich das Entwicklungsrisiko kaum.

JetZero muss deshalb nicht nur zeigen, dass ein Demonstrator fliegt. Entscheidend ist der Nachweis, dass der Vorteil im vollständigen Flugzeug erhalten bleibt – mit Druckkabine, Fahrwerk, Türen, Notausgängen, Frachtbereich, Systemen, Wartungskonzept und realistischen Einsatzprofilen.

## Die Kabine: der schwierigste Raum im Flugzeug

Die Kabine ist beim Blended Wing Body wohl die größte Herausforderung für die zivile Luftfahrt. In einem Verkehrsflugzeug werden nicht nur Sitzkilometer verkauft, sondern auch ein Reiseerlebnis. Selbst auf Billigstrecken erwarten Passagiere ein Mindestmaß an Orientierung, Licht, Raumgefühl und Sicherheit.

In einem BWB gibt es keine klassische Fensterreihe entlang eines schmalen Rumpfes. Viele Passagiere sitzen weit im Inneren. Virtuelle Fenster könnten helfen. Große Bildschirme, Kamerabilder, indirekte Beleuchtung und neue Kabinenarchitektur könnten ein angenehmes Raumgefühl schaffen, doch das ist nicht nur Technik, sondern auch Psychologie. Menschen wollen wissen, wo sie sind. Sie wollen im Zweifel nach draußen sehen. Sie wollen bei Start und Landung nicht das Gefühl haben, in einem geschlossenen Saal zu sitzen.

Auch die Evakuierung ist kritisch. Verkehrsflugzeuge müssen innerhalb enger Zeitgrenzen evakuiert werden können. Bei einer breiten Kabine müssen

Wege zu Notausgängen anders gedacht werden. Zahl und Position der Türen werden entscheidend. Fluchtwege dürfen nicht zu lang oder unübersichtlich sein. Gleichzeitig dürfen Türen und Ausschnitte die Struktur nicht übermäßig schwächen.

Dazu kommt die Bewegung im Flug. In einem sehr breiten Flugzeug sitzen manche Passagiere weiter von der Längsachse entfernt. Bei Rollbewegungen oder Kurven kann sich das anders anfühlen als in einem schmalen Rumpf. Ob dies im Alltag relevant ist, hängt vom Layout ab. Für die Zulassung und Akzeptanz muss es jedoch untersucht werden. JetZero wird daher nicht nur Aerodynamiker brauchen, sondern Kabinenarchitekten, Sicherheitsingenieure, Psychologen, Airline-Planer und Zertifizierungsexperten.

## Druckkabine und Struktur: der Preis der neuen Form

Der klassische Flugzeugrumpf ist nicht zufällig rund. Ein Zylinder nimmt Innendruck hervorragend auf. Ein Blended Wing Body besitzt dagegen einen breiten, flachen Kabinenkörper. Dieser ist aus struktureller Sicht ungünstiger. Bei runden Querschnitten verteilt sich die Last der Druckkabine gleichmäßig. Bei flachen oder kantigeren Formen entstehen höhere lokale Belastungen. Das verlangt Verstärkungen, Spanten, Stege und möglicherweise neue Werkstofflösungen. Diese wiederum erhöhen das Gewicht.

Hier entscheidet sich viel. Wenn die Druckstruktur zu schwer wird, schrumpft der aerodynamische Vorteil. Wenn sie zu leicht ausgelegt wird, steigt das Sicherheits- und Zulassungsrisiko. Moderne Verbundwerkstoffe können helfen, aber sie lösen nicht automatisch alle Probleme.

Bau des Cockpits für den Demonstrator der Z4. Fotos: JetZero

Auch das Fahrwerk ist anspruchsvoll. Ein BWB hat einen breiten Mittelteil und eine andere Lastverteilung als ein klassischer Jet. Das Fahrwerk muss die Lasten aufnehmen, gleichzeitig in die Struktur passen und darf weder Kabine noch Frachtraum zu stark beeinträchtigen. Es muss harte Landungen, Seitenlasten, Bremskräfte und Bodenmanöver aufnehmen. Gerade bei einem großen zivilen Muster ist dies alles andere als trivial.

Nicht zuletzt braucht ein solches Flugzeug ein Wartungskonzept. Airlines mögen Effizienz, aber sie hassen unvorhersehbare Standzeiten. Ein radikales Flugzeug, das zwar wenig Treibstoff verbraucht, aber schwer zu warten ist, wird sich kaum durchsetzen.

## Flughäfen: Passt der Nurflügler ans Gate?

Ein Verkehrsflugzeug ist Teil eines weltweiten Systems. Es muss an Gates passen, auf Rollwegen manövrieren, in Hangars gewartet, enteist, betankt und beladen werden. Schon kleine Abweichungen von Standardmaßen können teuer werden.

Ein Blended Wing Body hat wahrscheinlich eine große Spannweite und einen breiten Mittelteil. Damit entstehen Fragen: Passt er an bestehende Fluggastbrücken? Wie viele Türen können gleichzeitig genutzt werden? Funktioniert das Boarding über eine oder mehrere Brücken? Wie wird Gepäck geladen? Passen Standardcontainer? Welche Enteisungsfahrzeuge erreichen die relevanten Flächen? Müssen Airlines spezielle Bodengeräte anschaffen?

Für Militär und Fracht ist eine Anpassung der Infrastruktur eher denkbar. Für Airlines ist sie ein Kostenfaktor. Ein Flugzeug, das nur an wenigen Flughäfen problemlos betrieben werden kann, hat schlechte Marktchancen. JetZero wird deshalb bemüht sein, den Entwurf so weit wie möglich in bestehende Kategorien einzupassen. Das könnte bedeuten, dass Spannweite, Höhe und Bodenabfertigung bewusst begrenzt werden. Doch jede Anpassung an bestehende Infrastruktur kann aerodynamische Vorteile verringern. Auch hier zeigt sich das Grundproblem: Ein BWB darf nicht nur im freien Himmel gut sein. Er muss auch am Boden funktionieren.

## Triebwerke: konventionell beginnen, Zukunft offenhalten

Ein wichtiger Punkt im JetZero-Konzept ist, dass das Flugzeug zunächst mit existierenden (Pratt & Whitney) oder absehbar verfügbaren Turbofan-Triebwerken fliegen soll. Das ist klug. Denn ein radikales Flugzeuglayout mit einem ebenfalls radikal neuen Antrieb zu kombinieren, würde das Risiko vervielfachen.

Die Luftfahrt kennt solche Versuchungen. Wasserstoff, Open-Fan-Triebwerke, Hybridantriebe und elektrische Systeme sind attraktive Zukunftsthemen. Doch jedes bringt eigene technische, regulatorische und betriebliche Probleme mit. Wenn JetZero gleichzeitig eine neue Zelle, neue Kabine, neue Struktur und neue Antriebe zertifizieren wollte, wäre das Programm kaum beherrschbar. Mit konventionellen Turbofans bleibt das Risiko begrenzter. Moderne Triebwerke

Die TU Delft hat in Kooperation mit KLM das Konzept des Flying-V entwickelt, eines V-förmigen Nurflüglers, der auf Langstrecken eingesetzt werden soll. Ein Modell mit einem Gewicht von 25 kg und einer Spannweite von drei Metern hatte im Juli 2020 Erstflug.
Foto: TU Delft/KLM

sind effizient, verfügbar und von Behörden grundsätzlich akzeptiert. Außerdem kann ein BWB später möglicherweise von neuen Antrieben profitieren. Die große innere Struktur könnte Raum für alternative Treibstoffsysteme bieten. Oberhalb integrierte Triebwerke könnten neue Lärmschutzkonzepte ermöglichen.

Die Boeing X-66A ist ein Experimentalflugzeug mit der Bezeichnung Transonic Truss-Braced Wing Demonstrator (TTBW), das aktuell von Boeing und NASA entwickelt wird. Es soll bis zu 30 Prozent weniger Kraftstoff verbrauchen als ein herkömmliches Verkehrsflugzeug seiner Größe.
Foto: NASA

Auch Sustainable Aviation Fuels (SAF), also nachhaltige Flugkraftstoffe, passen in dieses Bild. Ein Flugzeug, das 25 oder 30 Prozent weniger Treibstoff verbraucht und zugleich SAF nutzen kann, wäre für Airlines deutlich attraktiver als ein konventionelles Flugzeug, das nur auf den teureren grünen Treibstoff setzt. Effizienz und nachhaltige Kraftstoffe sind keine Gegensätze. Sie verstärken sich.

Wasserstoff dagegen wäre für einen BWB zugleich Chance und Problem. Das Volumen des breiten Körpers könnte für Tanks interessant sein. Doch Wasserstoff erfordert eine völlig neue Speicher-, Sicherheits- und Flughafen-Infrastruktur. Für JetZero dürfte das eher ein späteres Szenario sein.

## Konkurrenz: Der nächste Effizienzsprung ist umkämpft

JetZero ist nicht allein. Weltweit arbeiten Hersteller, Forschungsinstitute und Regierungen an neuen Konzepten für effizientere Flugzeuge. In den USA ist hierbei besonders das NASA/Boeing-Projekt X-66A zu nennen. Dabei handelt es sich nicht um einen Nurflügler, sondern um ein Flugzeug mit sehr langem, dünnem Flügel, der durch Streben abgestützt wird – ein sogenannter Transonic

Truss-Braced Wing. Dieses Konzept soll den Luftwiderstand deutlich senken, bleibt aber näher am klassischen Rumpf-Flügel-Layout. Der Vorteil liegt auf der Hand: Kabine, Fracht, Flughafenprozesse und Zertifizierung bleiben vertrauter. Das Risiko ist geringer. Der Nachteil: Das maximale Einsparpotenzial dürfte kleiner sein als bei einem radikalen BWB. Für Boeing oder Airbus könnte ein solches Zwischenkonzept dennoch attraktiver sein, weil es besser in bestehende Produktfamilien passt.

In Europa fördert die EU über Programme wie Clean Aviation zahlreiche Technologien: neue Flügel, leichtere Strukturen, Wasserstoffsysteme, hybride Antriebe, elektrische Teilsysteme und neue Triebwerksarchitekturen. Airbus hat mit MAVERIC gezeigt, dass man Blended-Wing-Konzepte untersucht. Gleichzeitig verfolgt das Unternehmen Wasserstoffideen unter dem ZEROe-Dach, wenn auch unklar bleibt, welche Konfiguration langfristig tragfähig ist.

Die TU Delft und KLM arbeiten mit dem Flying-V an einem radikalen Konzept, das ebenfalls auf Effizienz zielt. Es ist kein klassischer BWB, zeigt aber, dass die Suche nach neuen Grundformen auch in Europa lebendig ist.

China wiederum investiert massiv in Luftfahrtprogramme. COMAC hat mit der C919 ein konventionelles Mittelstreckenflugzeug geschaffen und arbeitet an größeren Mustern. Öffentlich bekannte chinesische Nurflügelarbeiten betreffen bisher eher militärische Drohnen und Zukunftsstudien. Es wäre jedoch überraschend, wenn China Blended-Wing-Body-Technologien nicht intensiv untersuchen würde. Ein staatlich unterstütztes chinesisches BWB-Programm für Fracht, Militärtransport oder Langstrecke ist langfristig durchaus denkbar.

Im militärischen Bereich sind auch die großen US-Konzerne nicht zu unterschätzen. Northrop Grumman verfügt durch B-2 und B-21 über einzigartige Nurflügelerfahrung. Boeing kennt BWB-Studien seit Jahrzehnten. Lockheed Martin hat umfangreiche Erfahrung mit unkonventionellen militärischen Flugzeugen. Sollte JetZero Erfolg haben, könnten diese Konzerne Partner werden – oder Konkurrenten.

## Warum Airlines vorsichtig bleiben werden

Airlines sind konservativ. Das liegt nicht an mangelnder Fantasie, sondern an den harten Realitäten ihres Geschäfts. Ein neues Flugzeug bedeutet Milliardeninvestitionen, Schulungen, Ersatzteile, Simulatoren, Wartungsverträge, Restwertrisiken und jahrelange Flottenplanung.

Ein radikales Muster muss daher mehr bieten als schöne Verbrauchszahlen. Es muss zuverlässig sein, weltweit unterstützt werden und sich finanzieren lassen. Leasinggesellschaften müssen an den Restwert glauben. Piloten und Techniker müssen geschult werden können. Ersatzteile müssen verfügbar sein. Behörden müssen das Muster zulassen. Versicherer müssen das Risiko bewerten.

Hinzu kommt die Flottenlogik. Airlines betreiben nicht ein Flugzeug isoliert, sondern Netzwerke. Ein JetZero Z4 müsste in bestehende Routen, Sitzplatzangebote und Turnaround-Zeiten passen. Er müsste ausreichend Frachtkapazität bieten, denn Bauchfracht ist auf vielen Langstrecken ein wichtiger Erlösfaktor. Das Flugzeug müsste auf rentablen Strecken einsetzbar sein, nicht nur als Prestigeprodukt.

Der Verbrauchsvorteil müsste außerdem groß genug sein, um alle Unsicherheiten zu kompensieren. Wenn ein BWB am Ende nur 15 Prozent spart, werden Airlines wahrscheinlich lieber auf weniger riskante Neuentwicklungen warten. Wenn es aber 30 Prozent oder mehr sind, ändert sich die Rechnung. Dann könnten auch vorsichtige Airlines hellhörig werden.

## Zertifizierung: Neuland für FAA und EASA

Ein großes ziviles Blended-Wing-Body-Flugzeug wäre für Zulassungsbehörden Neuland. Zwar kennen FAA und EASA ungewöhnliche Flugzeuge, aber ein Verkehrsflugzeug dieser Größe und Form würde zahlreiche Fragen aufwerfen.

Die Flugsteuerung müsste extrem zuverlässig sein. Bei schwanzlosen oder nur schwach stabilen Konfigurationen ist Fly-by-Wire nicht Komfort, sondern Grundvoraussetzung. Redundanzen, Fehlermodi, Softwarevalidierung und Schutzfunktionen würden intensiv geprüft. Die Evakuierung müsste nachgewiesen werden. Notausgänge, Kabinenlayout, Fluchtwege, Beleuchtung, Crew-Verfahren und Passagierverhalten wären zentrale Themen. Für die Struktur müssten neue Nachweise erbracht werden. Druckkabine, Crashsicherheit, Brandschutz, Flügeltanks, Fahrwerksaufnahme, Kabinenboden und Türen wären nicht einfach aus bestehenden Mustern ableitbar.

Auch die Triebwerksintegration wäre prüfungsintensiv. Triebwerke auf oder hinter dem Flügelkörper können Lärm mindern, werfen aber Fragen zu Brandschutz, Wartung, Eisbildung, Abgasströmung und Notfällen auf. Was passiert bei einem Triebwerksschaden? Wie werden Splitterpfade bewertet? Wie erreicht die Feuerwehr relevante Bereiche? Wie funktioniert die Evakuierung bei Rauch oder Feuer im hinteren oberen Bereich? All das ist lösbar. Aber es kostet viel Zeit und Geld.

## Die industrielle Frage: Kann JetZero Flugzeuge bauen?

Ein Demonstrator ist das eine. Ein Serienflugzeug ist etwas völlig anderes. Boeing und Airbus haben über Jahrzehnte gelernt, Verkehrsflugzeuge in großen Stückzahlen zu bauen, zu zertifizieren, zu warten und weltweit zu unterstützen. Selbst diese Konzerne geraten bei neuen Programmen regelmäßig an Grenzen.

JetZero müsste entweder selbst eine enorme industrielle Struktur aufbauen oder mit etablierten Partnern kooperieren. Auch wenn das Unternehmen 2026 den ersten Spatenstich für eine knapp 2,5 Quadratkilometer große Produktionsfläche in Greensboro, North Carolina, getätigt hat, in die man insgesamt 4,7 Milliarden US-Dollar investieren möchte (drei Milliarden sollen durch die

U.S. Import-Export Bank bereits zugesagt worden sein), scheint langfristig ein Modell wahrscheinlicher, bei dem JetZero Technologie, Konzept und Demonstrator liefert, während große Industriepartner Fertigung, Zulassung, Lieferkette und Support übernehmen.

Schon der Bau eines großen Demonstrators erfordert Know-how in Struktur, Systemintegration, Flugerprobung und Qualitätssicherung. Für ein Serienflugzeug kommen Lieferkettenmanagement, Produktionsraten, Zuliefererqualifikation, Ersatzteillogistik und Kundendienst hinzu.

Gerade bei Verbundstrukturen ist Produktion ein entscheidender Faktor. Große integrierte Flächenkörper müssen präzise gefertigt und geprüft werden. Reparaturen müssen im Airline-Alltag möglich sein. Schäden durch Bodenfahrzeuge, Hagel, Blitzschlag oder Vogelschlag müssen beherrschbar bleiben.

Die Luftfahrtgeschichte ist voll von technisch interessanten Flugzeugen, die industriell scheiterten. JetZero muss beweisen, dass sein Entwurf nicht nur fliegt, sondern gebaut werden kann.

Modellhafte Darstellungen der geplanten JetZero-Fabrik in Greensboro, North Carolina. Hier sollen 14.500 neue Jobs entstehen und insgesamt 4,7 Milliarden US-Dollar investiert werden.
Fotos: JetZero

## Militärische Rolle zuerst?

Es ist gut möglich, dass ein BWB zuerst in einer militärischen oder Frachtrolle sinnvoll wird. Dort sind einige zivile Kabinenprobleme weniger kritisch. Ein Tanker braucht keine Fensterplätze. In einem Frachtflugzeug müssen keine 250 Passagiere in 90 Sekunden evakuiert werden können. Ein militärischer Transporter kann spezielle Infrastruktur nutzen.

Auch wirtschaftlich könnte der Einstieg leichter sein. Die U.S. Air Force hat ein starkes Interesse an geringeren Betriebskosten. Tanker und Transporter fliegen viele Stunden, verbrauchen enorme Mengen Treibstoff und binden große logistische Ressourcen. Ein Effizienzgewinn kann hier schnell strategische Bedeutung bekommen.

Als ziviles Frachtflugzeug wäre ein BWB ebenfalls interessant, wenn die Beladung praktikabel gelöst wird. Der breite Innenraum könnte Vorteile bringen, aber Standardcontainer und Paletten sind auf heutige Frachträume abgestimmt. Neue Ladegeräte oder Frachtsysteme würden Investitionen verlangen.

Modellhafte Darstellung der Z4 über der Mojave-Wüste. Foto: JetZero

Eine realistische Entwicklung könnte daher in Stufen verlaufen: zunächst Demonstrator, dann militärischer Tanker oder Transporter, anschließend Frachter, später Passagierflugzeug. Ob JetZero diesen Weg geht, hängt von Finanzierung, Partnern und technischen Ergebnissen ab.

## Was bis 2027 bewiesen werden muss

Der geplante Demonstratorflug um 2027 ist ein entscheidender Meilenstein. Doch er wird nicht alle Fragen beantworten. Ein Demonstrator kann Aerodynamik, Flugsteuerung, Grundstruktur und Systemintegration zeigen. Er kann Verbrauchsdaten liefern, Stabilität nachweisen und Vertrauen schaffen.

Aber er ist noch kein Serienflugzeug. Nach dem Erstflug müssen Daten ausgewertet, Entwurf und Systeme weiterentwickelt, Zulassungsanforderungen definiert und industrielle Partner eingebunden werden. Danach folgen Detailkonstruktion, Prototypen, Tests, Produktionsplanung, Kundengespräche und schließlich Zertifizierung.

Eine zivile Indienststellung um 2030 wirkt daher sehr ambitioniert. Realistischer ist – wenn überhaupt – eine Markteinführung in den 2030er-Jahren, möglicherweise zunächst militärisch oder als Frachter. Ein Passagierflugzeug könnte folgen, wenn die Kabinen- und Zulassungsfragen überzeugend gelöst sind.

Wichtig ist dabei die Ehrlichkeit der Daten. Wenn JetZero nur unter Idealbedingungen hohe Einsparungen zeigt, wird das nicht reichen. Entscheidend sind reale Missionen: Start, Steigflug, Reiseflug, Sinkflug, Reserven, Ausweichflughafen, Kabinengewicht, Fracht, Wartung, Turnaround, Triebwerksleistung, tatsächliche Sitzplatzdichte.

Die Luftfahrt verzeiht keine beschönigenden Rechentricks. ■

**11.01.1947** In den USA hebt der Prototyp McDonnell XF2D-1, die spätere F2H Banshee, erstmals ab. Der zweistrahlige trägergestützte Jagdbomber wird nach dem Zweiten Weltkrieg zu einem wichtigen Kampfflugzeug der U.S. Navy und kommt auch im Koreakrieg zum Einsatz.

**15.01.1937** Die Beechcraft Model 18 absolviert ihren Erstflug. Das zweimotorige Mehrzweckflugzeug wird später als Geschäfts-, Schul-, Transport- und Militärflugzeug in großer Stückzahl eingesetzt.

**18.01.1957** Drei Boeing B-52 beenden im Rahmen von „Operation Power Flite" die erste nonstop durchgeführte Weltumrundung mit Strahlflugzeugen. Luftbetankung macht den Rekordflug möglich.

**19.01.1937** **Howard Hughes stellt mit seinem Hughes H-1 Racer einen neuen transkontinentalen Geschwindigkeitsrekord auf. Für den Flug von Los Angeles nach Newark benötigt er sieben Stunden, 28 Minuten und 25 Sekunden.**

**23.01.1957** Der französische Forschungsjäger Nord 1500 Griffon II absolviert seinen Erstflug. Das Experimentalflugzeug mit kombiniertem Turbojet- und Staustrahltriebwerk dient der Erforschung hoher Überschallgeschwindigkeiten.

**27.01.1967** Während eines Bodentests auf Cape Kennedy bricht in der Apollo-1-Kapsel ein Feuer aus. Die Astronauten Virgil „Gus" Grissom, Edward White und Roger Chaffee kommen ums Leben; die Katastrophe führt zu grundlegenden Änderungen am Apollo-Raumschiff.

# Januar 2027

1 Neujahr

2

3

4

5

6 Hl. Drei Könige

7

8

9

10

11

12

13

14

15

16

17

18

19

20

21

22

23

24

25

26

27

28

29

30

31

Foto: UNLV Libraries

**05.02.1967** **Die NASA startet den Lunar Orbiter 3. Die Sonde fotografiert mögliche Landeplätze für die kommenden Apollo-Missionen und trägt wesentlich zur Kartierung der Mondoberfläche bei.**

**08.02.1967** In Schweden hat die Saab 37 Viggen ihren Erstflug. Das Mehrzweckkampfflugzeug mit Canard-Auslegung und Deltaflügel wird eines der markantesten europäischen Kampfflugzeuge des Kalten Krieges.

**12.02.1947** Der Sikorsky S-52 fliegt erstmals. Der Hubschrauber verfügt über Ganzmetall-Rotorblätter und stellt später mehrere Geschwindigkeits- und Höhenrekorde auf.

**17.02.1927** Boeing Air Transport wird gegründet. Das Unternehmen betreibt zunächst Luftpoststrecken und gehört zu den direkten Vorläufern der späteren United Air Lines.

**18.02.1977** Das Space Shuttle Enterprise absolviert auf dem Rücken eines Boeing 747 Shuttle Carrier Aircraft seinen ersten »Captive Inactive«-Flug. Damit beginnt die praktische Flugerprobung des Shuttle-Landesystems.

**22.02.1987** In Toulouse hebt der Airbus A320 zum Erstflug ab. Mit dem Kurz- und Mittelstreckenflugzeug werden im Verkehrsflugzeugbau u. a. digitale Fly-by-Wire-Steuerung in großem Maßstab eingeführt, und es wird zur Basis einer der erfolgreichsten Airliner-Familien.

# Februar 2027

1
2
3
4
5
6
7
8
9
10
11
12
13
14
15
16
17
18
19
20
21
22
23
24
25
26
27
28

Foto: NASA

Foto: RIA Novosti Archive

**06.03.1937** **Walentina Tereschkowa wird geboren. Sie fliegt 1963 mit Wostok 6 als erste Frau ins All und bleibt für fast zwei Jahrzehnte die einzige Raumfahrerin.**

**10.03.1947** Die Saab 21R startet erstmals. Sie entsteht aus der kolbengetriebenen Saab 21 und wird eines der frühen europäischen Strahlflugzeuge der Nachkriegszeit.

**13.03.1977** Der Sikorsky S-76 absolviert seinen Erstflug. Der zweimotorige Mehrzweckhubschrauber wird für Geschäfts-, Rettungs-, Offshore- und Regierungsflüge weltweit eingesetzt.

**14.03.1927** Pan American Airways wird gegründet. Die Fluggesellschaft entwickelt sich später zu einer der bekanntesten internationalen Airlines und prägt den Langstreckenluftverkehr.

**16.03.1947** Die Convair CV-240 fliegt erstmals. Das zweimotorige Verkehrsflugzeug wird als moderner Ersatz für die Douglas DC-3 entwickelt und bildet die Grundlage einer ganzen Convairliner-Familie.

**27.03.1977** Auf Teneriffa stoßen zwei Boeing 747 von KLM und Pan Am auf der Startbahn von Los Rodeos zusammen. Mit 583 Todesopfern ist dies bislang die schwerste Katastrophe der zivilen Luftfahrtgeschichte.

# März 2027

1
2
3
4
5
6
7
8
9
10
11
12
13
14
15
16
17
18
19
20
21
22
23
24
25
26 Karfreitag
27
28 Ostersonntag
29 Ostermontag
30
31

Foto: stamp.elcat.kg

Foto: Smithsonian

**02.04.1957** Das britische Forschungsflugzeug Short SC.1 fliegt erstmals, zunächst konventionell. Es dient später der Erprobung senkrechter Starts und Landungen und liefert wichtige Daten für VTOL-Konzepte.

**04.04.1947** Die Konvention über die internationale Zivilluftfahrt tritt in Kraft. Damit wird die ICAO als Sonderorganisation der Vereinten Nationen wirksam etabliert. Sie setzt bis heute weltweite Standards für die zivile Luftfahrt.

**09.04.1967** Die Boeing 737 hebt in Seattle zu ihrem Erstflug ab. Aus dem zweistrahligen Kurzstreckenflugzeug entwickelt sich über Jahrzehnte eine der meistgebauten Verkehrsflugzeugfamilien der Welt.

**17.04.1967** Die NASA startet Surveyor 3. Die Sonde landet erfolgreich auf dem Mond und liefert wichtige Daten zur Beschaffenheit der Mondoberfläche.

**23.04.1967** Die sowjetische Mission Sojus 1 startet mit Wladimir Komarow an Bord. Sie ist der erste bemannte Flug des Sojus-Raumschiffs.

**28.04.1927** **Die Ryan NYP »Spirit of St. Louis« absolviert ihren Erstflug in San Diego. Wenige Wochen später überquert Charles Lindbergh mit ihr allein und nonstop den Atlantik.**

# April 2027

1
2
3
**4**
5
6
7
8
9
10
**11**
12
13
14
15
16
17
**18**
19
20
21
22
23
24
**25**
26
27
28
29
30

Foto: Smithsonian

Foto: Wikipedia

**05.05.1947** Alitalia führt ihren ersten kommerziellen Linienflug durch, von Turin über Rom nach Catania. Eingesetzt wird eine Fiat G.12; die Gesellschaft wird später zur wichtigsten italienischen Fluglinie.

**06.05.1937** **Das Luftschiff LZ 129 »Hindenburg« verunglückt bei der Landung in Lakehurst, New Jersey. Die Katastrophe beendet faktisch die Ära des transatlantischen Passagierverkehrs mit Wasserstoff-Starrluftschiffen.**

**09.05.1937** Die Lockheed XC-35, ein speziell umgebautes Electra-Flugzeug, fliegt erstmals. Sie gilt als eines der ersten Flugzeuge mit druckbelüfteter Kabine und liefert wichtige Erkenntnisse für den Höhenflug.

**19.05.1947** Die Tupolew Tu-4 absolviert ihren Erstflug. Der schwere Bomber wird zu einem wichtigen sowjetischen Langstreckenflugzeug der frühen Nachkriegszeit.

**20.05.1927** Charles Lindbergh startet in New York mit der »Spirit of St. Louis« zu seinem Nonstopflug über den Atlantik. Am 21. Mai landet er in Paris-Le Bourget und wird über Nacht weltberühmt.

**28.05.1987** Mathias Rust landet mit einer Cessna 172 auf der Moskauer Großen Moskwa-Brücke nahe dem Roten Platz. Der Flug löst in der Sowjetunion erhebliche politische und militärische Konsequenzen aus.

# Mai 2027

1 Tag der Arbeit

2

3

4

5

6 Christi Himmelfahrt

7

8

9

10

11

12

13

14

15

16 Pfingstsonntag

17 Pfingstmontag

18

19

20

21

22

23

24

25

26

27 Fronleichnam

28

29

30

31

Foto: Smithsonian

Foto: NASA

**01.06.1937** **Amelia Earhart startet mit Fred Noonan in Miami zum zweiten Versuch einer Weltumrundung nahe dem Äquator. Der Flug führt über Südamerika, Afrika und Asien bis in den Pazifik.**

**10.06.1967** Der Prototyp der Mikojan-Gurewitsch MiG-23 fliegt erstmals. Das sowjetische Kampfflugzeug mit Schwenkflügeln wird später in großer Stückzahl gebaut und vielfach exportiert.

**12.06.1967** Die sowjetische Raumsonde Venera 4 startet zur Venus. Sie übermittelt später als erste Sonde Messdaten direkt aus der Atmosphäre eines anderen Planeten.

**17.06.1947** Pan American World Airways nimmt einen regelmäßigen Weltumrundungsdienst auf. Die Route verbindet über mehrere Etappen Nordamerika, Europa, Asien und den Pazifik.

**24.06.1947** Der Pilot Kenneth Arnold meldet nahe dem Mount Rainier mehrere ungewöhnliche Flugobjekte. Seine Beschreibung trägt wesentlich zur Popularisierung des Begriffs »Fliegende Untertasse« (»flying saucer«) bei.

**25.06.1997** Das unbemannte Frachtraumschiff Progress M-34 kollidiert beim manuellen Andockversuch mit der Raumstation Mir. Der Unfall beschädigt das Spektr-Modul schwer und gehört zu den kritischsten Ereignissen der Mir-Geschichte.

# Juni 2027

1
2
3
4
5
6
7
8
9
10
11
12
13
14
15
16
17
18
19
20
21
22
23
24
25
26
27
28
29
30

Foto: Sammlung Tim Kramer

Foto: UNLV Libraries

**04.07.1997** Mars Pathfinder landet auf dem Mars. Die Mission setzt den kleinen Rover Sojourner ab und markiert einen wichtigen Schritt in der robotischen Erforschung des Roten Planeten.

**05.07.1917** Der Fokker-Dr.I-Vorläufer Fokker V.5 absolviert seinen Erstflug. Aus der Entwicklung entsteht die berühmte Fokker Dr.I, die vor allem durch Manfred von Richthofen bekannt wird.

**14.07.1967** Die NASA startet Surveyor 4 zum Mond. Die Sonde soll weich landen, kurz vor dem geplanten Aufsetzen reißt jedoch das Funksignal ab. Wahrscheinlich ist die Sonde explodiert.

**26.07.1947** US-Präsident Harry S. Truman unterzeichnet den National Security Act. Das Gesetz schafft die Grundlage für die U.S. Air Force als eigenständige Teilstreitkraft, die am 18. September 1947 offiziell entsteht.

**27.07.1937** Die Focke-Wulf Fw 200 »Condor« fliegt erstmals. Das viermotorige Verkehrsflugzeug wird später auch als Seefernaufklärer und Bomber eingesetzt.

**29.07.1937** **Die Lockheed Model 14 Super Electra absolviert ihren Erstflug. Das zweimotorige Verkehrsflugzeug findet auch als Basis militärischer Varianten Verwendung, darunter die Hudson.**

# Juli 2027

1

2

3

**4**

5

6

7

8

9

10

**11**

12

13

14

15

16

17

**18**

19

20

21

22

23

24

**25**

26

27

28

29

30

31

Foto: klm-Nationaal Archief

Foto: NASA

**09.08.1947** In Argentinien startet die FMA I.Ae. 27 Pulqui I erstmals. Sie ist eines der ersten Strahlflugzeuge außerhalb der großen Industriemächte und ein Meilenstein der lateinamerikanischen Luftfahrt.

**12.08.1977** **Das Space Shuttle Enterprise absolviert seinen ersten freien Gleitflug nach dem Ausklinken vom Shuttle Carrier Aircraft. Die Landung erfolgt auf der Edwards Air Force Base.**

**20.08.1977** Voyager 2 startet von Cape Canaveral. Die Sonde passiert später Jupiter, Saturn, Uranus und Neptun und liefert bis heute Daten aus dem interstellaren Raum.

**21.08.1957** Die sowjetische R-7 erreicht bei einem Testflug erstmals erfolgreich die vorgesehene Reichweite. Die Interkontinentalrakete bildet kurz darauf die Grundlage für den Start von Sputnik 1.

**24.08.1977** Der Learjet 28 fliegt erstmals. Er gehört zu den ersten Geschäftsreiseflugzeugen mit serienmäßigen Winglets.

# August 2027

1

2

3

4

5

6

7

8

9

10

11

12

13

14

15 Mariä Himmelfahrt

16

17

18

19

20

21

22

23

24

25

26

27

28

29

30

31

Foto: NASA

Foto: U.S. Air Force

**02.09.1947** Die Hawker P.1040, der Vorläufer der Sea Hawk, absolviert ihren Erstflug. Aus dem Entwurf entsteht eines der wichtigsten britischen Marine-Jagdflugzeuge der frühen Jetzeit.

**05.09.1977** Voyager 1 startet von Cape Canaveral. Die Sonde passiert Jupiter sowie Saturn und verlässt als erstes Raumfahrzeug den Einflussbereich der Sonne in Richtung interstellaren Raum.

**07.09.1997** **Die Lockheed Martin F-22 Raptor absolviert ihren Erstflug. Das zweistrahlige Kampfflugzeug verbindet Tarnkappentechnik, hohe Wendigkeit und Überschallflug ohne Nachbrenner.**

**12.09.1957** Die Cessna 150 absolviert ihren Erstflug. Das einfache zweisitzige Schul- und Reiseflugzeug wird eines der erfolgreichsten Trainingsflugzeuge der Allgemeinen Luftfahrt.

**18.09.1947** Die United States Air Force wird als eigenständige Teilstreitkraft gegründet. Damit endet die organisatorische Unterstellung der amerikanischen Luftstreitkräfte unter die U.S. Army.

**29.09.1977** Die sowjetische Raumstation Saljut 6 startet. Mit zwei Kopplungsstutzen ermöglicht sie erstmals längere Aufenthalte mit regelmäßiger Versorgung durch Progress-Frachter.

# September 2027

1
2
3
4
5
6
7
8
9
10
11
12
13
14
15
16
17
18
19
20
21
22
23
24
25
26
27
28
29
30

Foto: U.S. Air Force

Foto: NASA

**01.10.1947** Die North American XP-86, später F-86 Sabre, startet zum Erstflug. Der Pfeilflügeljäger wird im Koreakrieg zum wichtigsten westlichen Gegenstück zur MiG-15.

**04.10.1957** Die Sowjetunion startet Sputnik 1, den ersten künstlichen Erdsatelliten. Das Ereignis markiert den Beginn des Raumfahrtzeitalters und löst den Wettlauf ins All aus.

**06.10.1977** Der Prototyp der Mikojan MiG-29 absolviert seinen Erstflug. Das zweistrahlige Kampfflugzeug wird zu einem der bekanntesten sowjetischen Jäger des späten Kalten Krieges.

**10.10.1967** Der Weltraumvertrag tritt in Kraft. Er regelt zentrale Grundsätze der friedlichen Nutzung des Weltraums und verbietet u. a. nationale Aneignungsansprüche auf Himmelskörper.

**14.10.1947** **Chuck Yeager durchbricht mit der Bell X-1 als erster Mensch im Horizontalflug offiziell die Schallmauer. Der Flug findet über der Mojave-Wüste statt und erreicht etwa Mach 1,06.**

**18.10.1967** Venera 4 erreicht die Venus und übermittelt erstmals Messdaten direkt aus der Atmosphäre eines anderen Planeten. Die Sonde wird durch Druck und Hitze zerstört, liefert aber grundlegende Erkenntnisse über die Venus.

# Oktober 2027

1
2
3 Tag der Deutschen Einheit
4
5
6
7
8
9
10
11
12
13
14
15
16
17
18
19
20
21
22
23
24
25
26
27
28
29
30
31 Reformationstag

Foto: NASA

Foto: UNLV Libraries

**02.11.1947** **Die Hughes H-4 Hercules »Spruce Goose« (»schmucke Gans«) hebt zu ihrem einzigen Flug ab. Das riesige Flugboot bleibt nur etwa eine Minute in der Luft, ist aber lange Zeit das Flugzeug mit der größten Spannweite der Welt.**

**03.11.1957** Sputnik 2 startet mit der Hündin Laika an Bord. Sie ist das erste Lebewesen in einer Erdumlaufbahn. Die Mission zeigt zugleich die technischen und ethischen Grenzen der frühen Raumfahrt.

**06.11.1957** Der Fairey Rotodyne absolviert seinen Erstflug. Das britische Verbundfluggerät kombiniert Rotorauftrieb mit Tragflächen und Propellerantrieb, bleibt aber trotz vielversprechender Leistungen ein Prototyp.

**16.11.1907** Paul Cornu gelingt in Frankreich mit seinem Hubschrauber ein kurzer freier Vertikalflug. Der Flug gilt als einer der frühesten bemannten Hubschrauberflüge ohne Fesselung.

**18.11.1967** Die Dassault Mirage G fliegt erstmals. Das Experimentalflugzeug mit Schwenkflügeln dient Frankreich zur Erprobung variabler Flügelgeometrien, geht jedoch nicht in Serie.

**22.11.1977** British Airways und Air France nehmen den planmäßigen Concorde-Verkehr nach New York-JFK auf. Damit erhält der Überschall-Liniendienst seine wichtigste Nordatlantikverbindung.

# November 2027

1 Allerheiligen

2

3

4

5

6

7

8

9

10

11

12

13

14 Volkstrauertag

15

16

17 Buß- und Bettag

18

19

20

21 Totensonntag

22

23

24

25

26

27

28

29

30

Foto: U.S. Air Force

**14.12.1977** Der sowjetische Schwerlasthubschrauber Mil Mi-26 absolviert seinen Erstflug. Er wird zum stärksten in Serie gebauten Hubschrauber der Welt und ist bis heute in militärischen und zivilen Rollen im Einsatz.

**17.12.1947** Die Boeing B-47 Stratojet absolviert ihren Erstflug. Der sechsstrahlige Bomber mit Pfeilflügeln wird zu einem prägenden Flugzeug der frühen Strahlflugzeugära.

**20.12.1957** Die Boeing 707-120 fliegt erstmals. Der vierstrahlige Jetliner wird zu einem der wichtigsten Verkehrsflugzeuge der frühen Düsenära und prägt den internationalen Luftverkehr nachhaltig.

**22.12.1967** **In Toulouse wird die Concorde erstmals öffentlich vorgestellt. Der französisch-britische Überschall-Airliner hebt 1969 zum Erstflug ab und bleibt bis 2003 im Liniendienst.**

**28.12.1927** Die Polikarpow U-2, später Po-2, absolviert ihren Erstflug. Der einfache Doppeldecker wird in enormer Stückzahl gebaut und dient als Schul-, Verbindungs-, Sanitäts- und Nachtschlachtflugzeug.

**30.12.1947** Die Mikojan-Gurewitsch MiG-15 fliegt erstmals. Der sowjetische Strahljäger mit Pfeilflügeln wird zu einem der bedeutendsten Kampfflugzeuge des frühen Kalten Krieges und prägt den Luftkrieg über Korea.

# Dezember 2027

1

2

3

4

5

6

7

8

9

10

11

12

13

14

15

16

17

18

19

20

21

22

23

24

25 1. Weihnachtsfeiertag

26 2. Weihnachtsfeiertag

27

28

29

30

31 Silvester



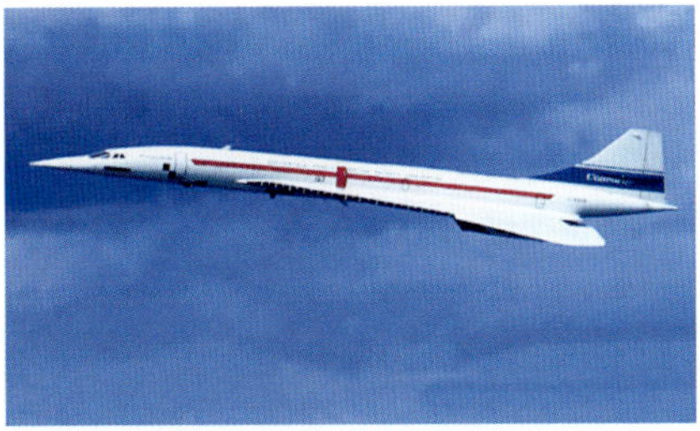

Wartungsarbeiten an eine
Lockheed SR-71 Blackbird im Jahr 1984
Foto: US-Kriegsministeriun

**FliegerKalender 2027**
Internationales Jahrbuch der
Luft- und Raumfahrt

**Impressum**

Herausgeber: Tim F. Kramer
48. Jahrgang 2026, 208 Seiten

Ein Gesamtverzeichnis der lieferbaren Titel schicken wir Ihnen gerne zu. Bitte senden Sie eine E-Mail mit Ihrer Adresse an: vertrieb@koehler-mittler.de

Sie finden uns auch im Internet unter: www.koehler-mittler-shop.de

Bibliografische Information der Deutschen Nationalbibliothek:
Die Deutsche Nationalbibliothek verzeichnet diese Publikation in der Deutschen Nationalbibliografie; detaillierte bibliografische Daten sind im Internet über https://portal.dnb.de abrufbar.

ISBN 978-3-8132-1147-4


Stadthausbrücke 4, 20355 Hamburg
Ein Unternehmen der TAMMMEDIA
herstellung@koehler-mittler.de



Layout: Barbara Winter,
Maximilian Verlag, Hamburg
Druck: ADverts printing house
Dzelzavas Straße 124, Riga,
LV-102, Lettland

**Titelfoto:**
Eine B-52 der 23rd Expeditionary Bomb Squadron fliegt hier am 12. November 2008 von der Minot Air Force Base, North Dakota, über den Pazifik zur Andersen Air Force Base in Guam.
Foto: USAF